服装高等教育"十二五"部委级规划教材

成衣制作工艺·女西服篇

侯东昱　主编

王丽霞　任红霞　副主编

中国纺织出版社

内 容 提 要

本书系统地阐述了女西服的面料选择、样板制作及裁剪、缝制工艺的整个流程及制作技巧，有很强的理论性、系统性和实用性。本书图文并茂、分析透彻、规范标准、通俗易懂，制图采用CorelDRAW软件，绘图清晰，将理论知识与工业生产实践相结合，注重基本原理的讲解，符合现代工业生产与实践教学需要，适宜作为高等院校服装专业的教材。

图书在版编目（CIP）数据

成衣制作工艺. 女西服篇 / 侯东昱主编. --北京：中国纺织出版社，2016.3

服装高等教育"十二五"部委级规划教材

ISBN 978-7-5180-2341-7

Ⅰ. ①成… Ⅱ. ①侯… Ⅲ. ①女服—西服—服装缝制—高等学校—教材 Ⅳ. ① TS941.63

中国版本图书馆CIP数据核字（2016）第025161号

责任编辑：华长印　　责任校对：王花妮　　责任印制：何　建

中国纺织出版社出版发行

地址：北京市朝阳区百子湾东里A407号楼　邮政编码：100124

销售电话：010—67004422　传真：010—87155801

http://www.c-textilep.com

E-mail: faxing@c-textilep.com

中国纺织出版社天猫旗舰店

官方微博http://weibo.com/2119887771

北京通天印刷有限责任公司印刷　各地新华书店经销

2016年3月第1版第1次印刷

开本：787×1092　1/16　印张：7.5

字数：112千字　定价：32.00元

凡购本书，如有缺页、倒页、脱页，由本社图书营销中心调换

出版者的话

　　全面推进素质教育，着力培养基础扎实、知识面宽、能力强、素质高的人才，已成为当今教育的主题。教材建设作为教学的重要组成部分，如何适应新形势下我国教学改革要求，与时俱进，编写出高质量的教材，在人才培养中发挥作用，成为院校和出版人共同努力的目标。2011 年 4 月，教育部颁发了教高［2011］5 号文件《教育部关于"十二五"普通高等教育本科教材建设的若干意见》（以下简称《意见》），明确指出"十二五"普通高等教育本科教材建设，要以服务人才培养为目标，以提高教材质量为核心，以创新教材建设的体制机制为突破口，以实施教材精品战略、加强教材分类指导、完善教材评价选用制度为着力点，坚持育人为本，充分发挥教材在提高人才培养质量中的基础性作用。《意见》同时指明了"十二五"普通高等教育本科教材建设的四项基本原则，即要以国家、省（区、市）、高等学校三级教材建设为基础，全面推进，提升教材整体质量，同时重点建设主干基础课程教材、专业核心课程教材，加强实验实践类教材建设，推进数字化教材建设；要实行教材编写主编负责制，出版发行单位出版社负责制，主编和其他编者所在单位及出版社上级主管部门承担监督检查责任，确保教材质量；要鼓励编写及时反映人才培养模式和教学改革最新趋势的教材，注重教材内容在传授知识的同时，传授获取知识和创造知识的方法；要根据各类普通高等学校需要，注重满足多样化人才培养需求，教材特色鲜明、品种丰富。避免相同品种且特色不突出的教材重复建设。

　　随着《意见》出台，教育部正式下发了通知，确定了规划教材书目。我社共有 26 种教材被纳入"十二五"普通高等教育本科国家级教材规划，其中包括了纺织工程教材 12 种、轻化工程教材 4 种、服装设计与工程教材 10 种。为在"十二五"期间切实做好教材出版工作，我社主动进行了教材创新型模式的深入策划，力求使教材出版与教学改革和课程建设发展相适应，充分体现教材的适用性、科学性、系统性和新颖性，使教材内容具有以下几个特点：

　　（1）坚持一个目标——服务人才培养。"十二五"职业教育教材建设，要坚持育人为本，充分发挥教材在提高人才培养质量中的基础性作用，充分体现我国改革开放 30 多年来经济、政治、文化、社会、科技等方面取得的成就，适应不同类型高等学校需要和不同教学对象需要，编写推介一大批符合教育规律和人才成长规律的具有科学性、先进性、适用性的优秀教材，进一步完善具有中国特色的普通高等教育本科教材体系。

（2）围绕一个核心——提高教材质量。根据教育规律和课程设置特点，从提高学生分析问题、解决问题的能力入手，教材附有课程设置指导，并于章首介绍本章知识点、重点、难点及专业技能，增加相关学科的最新研究理论、研究热点或历史背景，章后附形式多样的习题等，提高教材的可读性，增加学生学习兴趣和自学能力，提升学生科技素养和人文素养。

（3）突出一个环节——内容实践环节。教材出版突出应用性学科的特点，注重理论与生产实践的结合，有针对性地设置教材内容，增加实践、实验内容。

（4）实现一个立体——多元化教材建设。鼓励编写、出版适应不同类型高等学校教学需要的不同风格和特色教材；积极推进高等学校与行业合作编写实践教材；鼓励编写、出版不同载体和不同形式的教材，包括纸质教材和数字化教材，授课型教材和辅助型教材；鼓励开发中外文双语教材、汉语与少数民族语言双语教材；探索与国外或境外合作编写或改编优秀教材。

教材出版是教育发展中的重要组成部分，为出版高质量的教材，出版社严格甄选作者，组织专家评审，并对出版全过程进行过程跟踪，及时了解教材编写进度、编写质量，力求做到作者权威，编辑专业，审读严格，精品出版。我们愿与院校一起，共同探讨、完善教材出版，不断推出精品教材，以适应我国高等教育的发展要求。

中国纺织出版社
教材出版中心

前　言

　　成衣制作作为服装专业的核心课程之一，贯穿于服装专业教学的始终，是产品设计与生产实践的纽带，更是服装产品得以实现的奠基石，直接影响服装品质及营销等。《成衣制作工艺》系列教材是根据高等院校服装专业的授课特点量身定制。编者凭借大量的实践积累和多年的授课经验，兼顾工业化生产和个性化制作的需求，科学地阐明了女西服上衣、女下装（女西裤与西服裙）、男西服上衣及零部件制作工艺、技术和成衣检验的主要内容，具有较强的实操性。

　　本书凝集了服装生产企业和服装教育诸多专家学者长期积累的经验，博采众长，集思广益。作为系列教材之一，《成衣制作工艺·女西服篇》采用科学的体系结构，简明地讲述了女西服生产工艺的整个流程，系统地阐述了服装工业生产的生产准备（产品概述、面料选择、款式结构图等）、样板制作（样板放缝、样板排料等）、裁剪工艺流程以及缝制工艺的质量要求、步骤及标准，熨烫定型工艺和后期整理等内容。本书结合大量实例图片介绍整个成衣制作流程，内容丰富，重点突出，让初学者一目了然，同时，又注重系统性和科学性，重视学生实际能力的培养。

　　本书由侯东昱任主编、王丽霞和任红霞任副主编，负责整体的组织、编写。在本教材编写过程中，得到了际华三五零二职业装有限公司的鼎力支持和帮助，在此深表感谢。同时，在本书编写的过程中参阅了部分国内外文献资料，在此向文献编著者表示由衷的谢意。

　　本书可供大、中专院校服装专业教学使用，也可以作为服装爱好者的学习和参考用书，由于编者水平有限，书中难免有不妥之处，恳请专家同行和广大师生给予指正。

编者

2015 年 6 月

教学内容及课时安排

章 / 课时	课程性质 / 课时	节	课程内容
第一章 （6 课时）	理论知识 （6 课时）		·概述
		一	女西服概述
		二	女西服量体
		三	西服面料选择
第二章 （18 课时）	实践应用 （114 课时）		·女西服样板制作
		一	戗驳头公主线结构西服制图
		二	戗驳头公主线结构西服纸样制作
		三	戗驳头公主线结构西服工业制板
第三章 （6 课时）			·服装裁剪工艺
		一	排料画样
		二	铺料
		三	裁剪
第四章 （84 课时）			·女西服缝制工艺
		一	缝制工艺流程
		二	缝制工序
第五章 （6 课时）			·成衣后期整理
		一	整烫
		二	质量检验
		三	产品包装

目　录

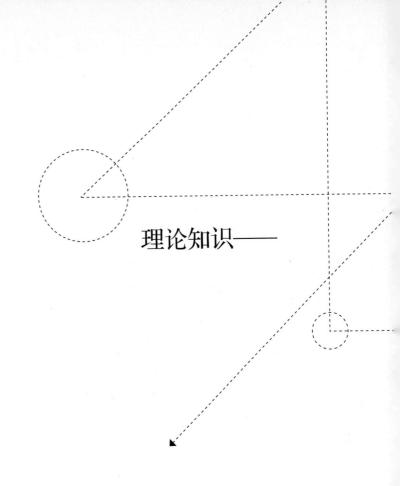

理论知识——

概述

课题名称：概述

课题内容：女西服的产生及发展、女西服测量及其面辅料选择

课题时间：6课时

教学目的：掌握女西服上衣的各部位测量方法及面辅料选择。

教学方式：讲授与实践相结合

教学要求：1. 能对女性人体进行正确测量。

2. 能根据女性体型特点和人体测量数据进行服装规格的设计。

3. 能根据女西服上衣款式的不同选择合适的面辅料。

课前（后）准备：软卷尺、人体测量记录单、笔、合适的面辅料。

第一章　概述

第一节　女西服概述

一、女西服的产生及发展

伴随欧美经济的发展，一些先进女性对地位、权利甚至个人形象的要求不断改观，在服装方面出现了反对过分装饰，要求简洁实用的呼声。20世纪初，少数女性仿效男士着装，将男装原有的西服形式运用到女装设计中来，上穿合身西服上装，下着传统蓬裙，形成了女性西服套装的雏形。女西服吸取了男性西服的严谨性，其工艺考究、精细，在款式方面又表现出不拘一格的特点，呈现出较大的灵活性，将女性魅力展现得淋漓尽致，从而受到职业女性的青睐。

20世纪40年代，受男性西服套装宽腰小下摆、肩略平宽等特征的影响，女西服的整体造型更为优雅、柔美，收腰、平肩、下摆略大，恰当地凸显出女性的曲线美。

20世纪50年代的前中期，女性所穿着的西服发生了较大变化，腰部松量加大，由原来的掐腰改为松腰身，下摆加宽，服装长度增加，领型也除翻领之外，增加了关门领，袖口大多采用另镶袖，并自中期开始流行连身袖，服装的整体造型较先前显得更加稳重、高雅。

20世纪60年代中后期，女西服的造型形式为：斜肩、宽腰身和小下摆。领子和驳头与男西服相比则较大，直腰长，其长度至臀围线上，袖子流行连身袖及十字袖。与其搭配的有西服裙，长度及膝，臀围与下摆垂直，以及中等长度的女西裤。

20世纪70年代末期至80年代初期，随着社会发展和人们审美观念的日益转变，女西服开始流行小领和小驳头，腰身较宽，底边一般为圆角。下装大多配长而下摆较宽的裙子，服装造型整体更富有古典浪漫色彩。

现今，女西服被演绎的更为丰富多彩，整体变得丰富、精致，但多数限于商务场合穿着。制作精良的女西服上衣再配以膝盖以上的后开衩一步裙，成为现代职业女性的重要装扮之一，更是在出席庄重场合的必备服饰。

二、女西服的款式分类

女西服变化多样，其划分方法也众多，如按款式的不同划分、按穿着者的不同划分、按出席场合的不同划分等等，但众多划分方法归其根本离不开其基本款式的变化，服从于传统西服的划分方法。传统西服构成的基本形式包括西服的两件套或三件套，而两粒扣和三粒扣又为其结构的基本样式，通过这些基本要素的组合搭配，形成了现有市面上变化多样的西服款式。女西服在此基础上搭配不同的服装款式、细节、面料，其变化种类更为丰富。常用的区分方法主要有两种：一种是按照件数划分；另一种是按照上衣的纽扣数量来划分。

（一）按件数划分

通常来讲，西服一般分为单件西服和套装。所谓单件西服是指一件和裤子不配套的西服上衣，适用于非正式场合穿着，即日常生活中常穿着的休闲西服。西服套装主要分为两件套和三件套，两件套西服包括一件上衣和一条西裤，三件套西服包括一件上衣、一条西裤和一件马甲。女士西服套装主要指西服上衣搭配一步裙或女士西裤。

（二）按西服上衣的纽扣数量划分

通常来讲，西服上衣按照纽扣数量划分主要包括单排扣和双排扣西服。

单排扣西服是比较传统的西服上衣类型，是出席重要商务场合的首选。最常见的有一粒纽扣、两粒纽扣和三粒纽扣三种，如图1-1所示。一粒纽扣和三粒纽扣的单排扣西服上衣穿着较两粒纽扣女西服更显时尚，但后者会显得较为正统。在单排扣的西服中，双开衩西服显得更为正式，而单开衩的略显休闲。

图1-1　单排扣西服上衣

双排扣西服上衣多属于休闲西服，最常见的双排扣女西服有四粒、六粒纽扣两种，如图1-2所示。六粒纽扣的双排扣西服上衣更为休闲、时尚，四粒纽扣的则相对更为传统一些。

图1-2　双排扣西服上衣

此外，西服纽扣数量不同，其系扣方法也各有要求，但与男装系扣要求大体相同。在穿着双排扣西服时，无论男装女装，均应把扣子系好或全敞开。单排扣西服或一粒扣西服系上端庄，敞开随性，出席重要商务场合一般全系；两粒扣西服要么两粒全系，要么只系上面一粒，若只系下面一粒稍显不端；三粒扣西服，系上面两粒或只系中间一粒都合规范要求。

除上述两种最常见的划分方法外，还有根据西服上衣结构线的不同、领型的不同进行分类的，划分方法众多。

第二节 女西服量体

随着生产技术水平的提高，人们越来越深刻地认识到在进行产品设计时，必须绝对重视"人"这一基础要素，需要把人和服装作为一体来考虑，只有这样，才能使设计成的服装作品具有最佳效果。服装发展至今，服装与人体的密切关系不可小觑，是根据人体的立体构造利用不同材质面料制作而成，对人体的正确测量更是服装设计及生产的基础。

一、测量要领

人体测量数据是服装设计及生产的基础，在测量时要先仔细观察被测量者的体型特征，并记录说明。由于目前大部分情况下多采用手工测量，为最大限度地减少误差，提高测量准确度，测量时可选取内限尺寸定点测量。在工业服装结构设计和工艺要求中，需要测量几个重要的必备尺寸数据，其他部位所需数据均由标准化人体数据按照比例公式推算获得。因此，正确掌握各个部位尺寸的量取方法及要领，对服装设计及制作来说是非常重要的。

1. 对被测量者的要求

在进行女性体型测量前，应要求被测量者身着对体型无修正作用的适体内衣，并且要在赤足的情况下进行测量，尤其是胸部位置，被测者应穿戴完全合体的无衬垫的胸罩，其质地要薄并无金属或其他支撑物。

进行人体测量时，被测量者一般选择直立或静坐两种姿势。直立时，两腿并拢，两脚成 60°分开，全身自然伸直，双肩不要用力，头放正，双眼正视前方，呼气均匀，两臂自然下垂贴于身体两侧。静坐时，上身自然伸直与椅面垂直，小腿与地面垂直，上肢自然弯曲，两手平放在大腿面上。

2. 对测量者的要求

测量前，测量者应仔细地观察被测量者的体型特征，对特殊体型部位应增加量体内容，并详细备注，以便在服装规格及结构制图中进行相应的调整。

测量时，除要求有条不紊、迅速又正确的测量外，还要观察被测量者的体型特征。同时，如在衬衫或连衣裙等成衣外面测量前，要估算出它的余量再进行测量。

3. 对尺寸测量的要求

量体的顺序一般是先横后竖，自上而下。测量时养成按顺序进行的习惯，这是有效避免一时疏忽而产生遗漏现象的好方法。同时，测量数据均应采用净尺寸，即各尺寸的最小极限或基本尺寸，如胸围、腰围、臀围等围度测量都不加松量；袖长、裤长等长度原则上并非指实际成衣的长度，而是这些长度的基本尺寸，设计者可以依据内限尺寸进行设计（或加或减）。

在进行人体测量时，量体一定要到位，数据记录准确，若是特殊体型，应及时标注。若在量体过程中尺寸测量不到位，将直接导致肩宽、腰部、下摆部位不合体或走形。

二、女西服量体部位及方法

（一）测量部位

量体是指用皮尺测量人体有关部位的长度、宽度和围度的尺寸，作为服装制作的基础和依据，将直接影响最后成衣能否合体。在进行量体前首先应对观察对象——女性体型有基本了解，只有这样才能熟练且恰当地开始量体。胸部隆起，臀部凸起，体型呈曲线状，肩部较窄，腰部较男性细且位置相对偏高，臀部宽大而向后凸起并大于肩宽，呈上窄下宽状，从肩部至髋部正视图多呈"X"型，这是女性体型的总体特征。在了解女性体型基础上，根据所制作成衣的种类进行实际测量，如制作女西服前，应对女性体型的以下部位进行测量：

1. 肩宽

用皮尺从后背左肩骨外端顶点量至右肩骨外端顶点，皮尺在后背中央贴紧后脖根略成弧形。

2. 胸围

在胸高点的位置用皮尺水平绕一周测量。

3. 腰围

绕着腰部最细的位置水平一周测量。

4. 胸宽

前胸左右腋点之间的测量宽度。

5. 背宽

背部左右腋点之间的测量宽度。

6. 身高

净身高，人体立姿时，头顶点至地面的距离。

7. 背长

从后颈点往下至后腰中心点的长度。

8. 上体长

人体坐姿时，颈椎点至椅面的距离。

9. 袖长

从肩端点往下量至手腕关节的长度（这是基本袖长的长度，如原型袖长）。

（二）各部位测量方法

1. 全肩宽

用皮尺从左肩端点经后颈中心（第七颈椎）量至右肩端点的宽度，如图1-3所示。从侧面看，大约在上臂宽的中央位置，比肩峰点稍微靠前。从正面看，在肩峰点稍靠外侧的位置。这个点是作为绱袖的基准点——袖山点的位置，也是决定肩宽和袖长的基点。全肩宽的尺寸是制作上衣时一个非常重要的参考依据，在服装原型的制图中，全肩宽尺寸并没有涉及。

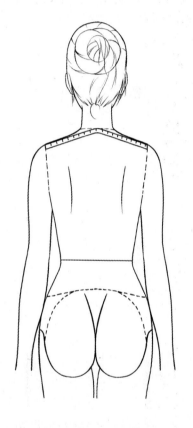

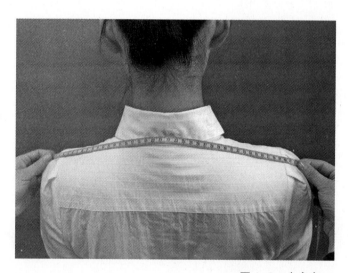

图1-3　全肩宽

2. 水平肩宽

用皮尺自左肩峰点的一端量至右肩峰点一端的宽度。水平肩宽往往是成衣制图中肩宽的主要参考尺寸依据，如图1-4所示。

3. 胸围

在自然呼吸的情况之下（注：不要刻意吸气和挺胸），以胸高点为测点，用皮尺经胸前腋下处水平过胸高点测量一周。由于胸部及后背肩胛骨的影响，测量时需控制好皮尺的放松量，以皮尺可以轻松转动为宜，测量方法如图1-5所示。

胸围尺寸是成衣设计（除弹性面料）胸部尺寸的最小值，需要重点说明的是胸围的测量需要看外着装的状态（是合体服装还是休闲服装），根据外着装对胸罩的要求，佩戴好不同厚度、形状的胸罩。女西服制作在进行量体时，其胸围加放量一般控制在 10 ～ 16cm 为宜，若内穿衬衫进行测量其加放量为 10 ～ 12cm，穿着较厚的羊毛衫或毛衣时，其加放量则需放至 14 ～ 16cm。

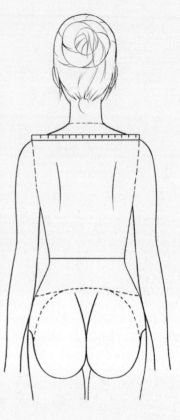

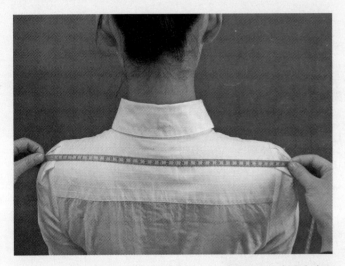

图 1-4　水平肩宽

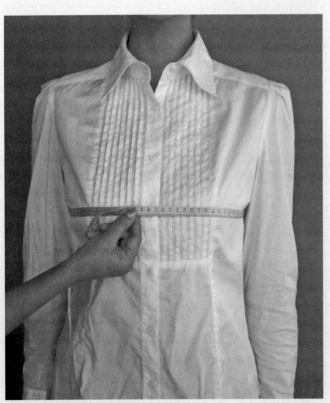

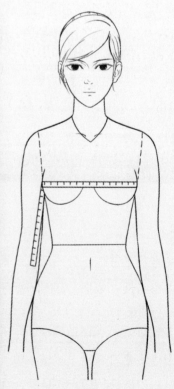

图 1-5　胸围

4. 腰围

在腰部最细处用皮尺水平绕量一周，松紧适中（以放进两个手指皮尺可轻松转动为依据），测量方法如图1-6所示。通常标准身高的人可以以腰部最凹处、肘关节与腰部重合点为测点，用皮尺水平测量一周，测量时要求被测量者自然站立，不得故意收腰，呼吸保持平稳。

腰围尺寸是西服制作的重要尺寸依据，更是影响女西服上衣是否合体的重要因素，女西服的中腰加放量一般控制在10～15cm。针对体型偏胖或有明显肚腩者，应测量腰部最丰满的位置水平一周；体型偏瘦者，依旧测量腰部最细处水平一周即可。

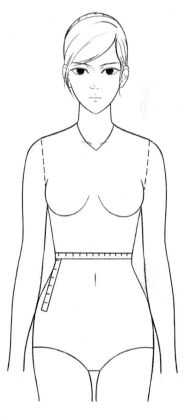

图1-6　腰围

5. 臀围

在臀部最丰满处用皮尺水平测量一周，松紧程度以皮尺可以轻松转动为宜，测量方法如图1-7所示。臀围尺寸是成衣设计（除弹性面料）臀部尺寸的最小值。臀围尺寸的测量不仅是制作下装的重要依据，也是制作合体型套装上衣、连衣裙等不可缺少的参考依据。

6. 手掌围

先把拇指与手掌并拢，用皮尺绕掌部最丰满处水平测量一周，测量方法如图1-8所示。控制袖口、袋口尺寸，掌围尺寸是无开合袖口成衣设计时袖口尺寸的最小值，是成衣袋口

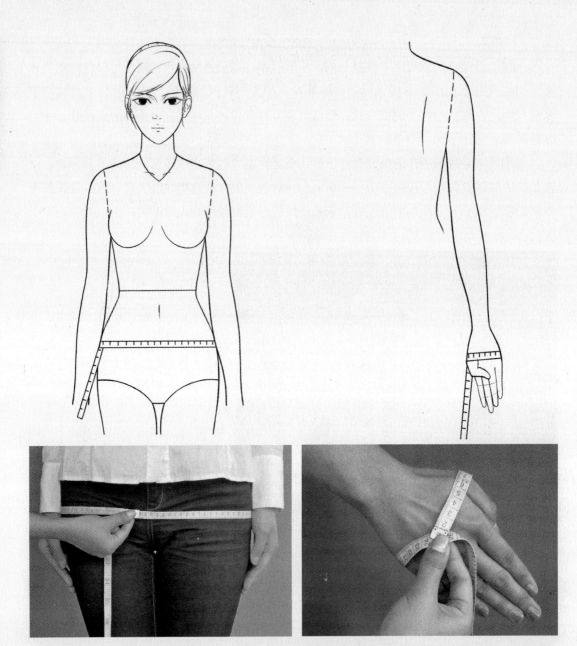

图 1-7 臀围   图 1-8 手掌围

宽度设计的尺寸依据。

7. 身高

测量时，被测者赤足立正站直，双手自然下垂，头顶点至地面的距离即为身高。它是设定服装号型规格的依据。身高若测量不准确，将直接导致衣长和袖长的过长或过短。

8. 背长

从后颈点往下至后腰中心点的长度。沿后中线从后颈点（第七颈椎）至腰线间随背形测量。从后颈点到腰带中间的长度，要适合于肩胛骨的外突，有一定的松量。在这里，要进行背部观察，如观察脖颈根部周围的肌肉发育状态和是否驼背等。该尺寸的测量十分重要，在成衣设计中决定腰节线的位置。实际应用中，有时将测量值再减掉 0 ~ 4cm，以改善服装上下身的比例关系，使总体造型显得修长。一般规格表中的背长稍小也是根据这个作的调整，如图1-9所示。

9. 衣长

前衣长由肩颈点过胸高点垂直向下测量至所需长度为止，后衣长由领圈中点向下测量至衣服所需长度为止，测量方法如图1-10所示。通常衣长应在臀部以下，正面看衣长应该位于双手"虎口"与"大拇指顶端"之间，衣长约占颈部以下身体的二分之一长，特殊体型者除外（如上半身短、手长等）。

10. 袖长

从肩骨外端点往下量至腕关节的长度，这是基本袖长，如原型袖长，测量方法如图

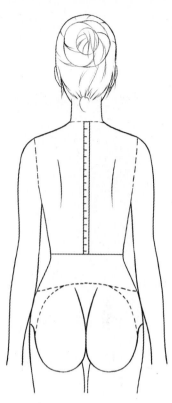

图1-9　背长

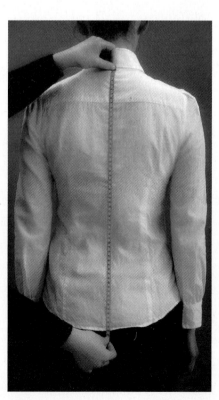

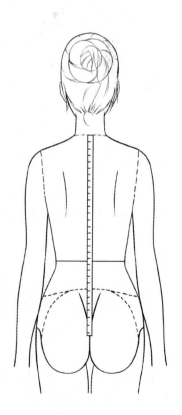

图1-10　衣长

1-11 所示。标准西服套装的袖长通常是在基本袖长的基础上加上 2 ~ 3cm，这是加放的垫肩量；普通西服套装袖长的位置习惯采用虎口上 1.5 ~ 2cm 的位置。

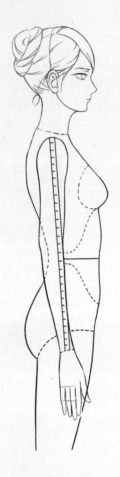

图 1-11　袖长

三、特殊体型测量

人体测量因服装而产生，服务于服装，遵循于人体特征。同时，人体特征因人而异，不但有高矮胖瘦之分，各部位比例及特征也不尽相同，因此，在具体测量过程中，要仔细观察被测量者的体型特征，从正面观察胸部、腰部、肩部；从侧面观察背部、腹部；从背面观察肩部、臀部。通过了解人体的特征，包括各种特殊体型，如驼背、挺胸、腆腹、突胸、溜肩等，对不同体型细致观察，以便特体板的打制，从而制作更为合体的服装。

测量特殊体型时，主要运用经验判断与测量加推算相结合的方法，在测量常规体型基础之上，增加特殊部位的测量数据，所测得数据只作为结构制图的参考尺寸。因此在测量特殊体型时，首先要仔细观察体型特征，并对其部位的特殊程度作出判断与估量。

1. 驼背体

驼背体的体型特征是背部呈弓形状，头部与颈部向前倾，胸相对平坦。背宽大于胸宽，后腰节长于前腰节，这两组数值相差越大说明驼背情况越明显。具体测量时应注意身长的测量，多先测腰节长再测后背长。在服装制图时应考虑前后腰节差，决定后身应加放的长度，若处理不当会出现吊背的情况。

2. 挺胸体

挺胸体的体现特征与驼背体相反，挺胸体的特征是胸部丰满前凸，颈、头向后扬，背部相对板平，一般胸宽等于或大于背宽，前腰节长于后腰节。测量的部位及结构处理的方法与驼背相同。另外，还需注意胸高点位置，将直接关系到前胸能否合体、平服，对于女装应适当加大胸省收量。如制板时处理不当，易出现前摆起吊，前胸不平，后腰节处会有余量堆积的现象。

3. 腆腹体

即"大肚体"，多为肥胖者，身体躯干上部向后倾，腹部前凸，此类身材特征中老年男性较多，女性较少。具体测量时，上衣应加量后身长尺寸与前身长对比作出凸腹程度的判断与相应地结构处理。

4. 突胸体

突胸体指女体中乳峰显著耸突的体型，除需测量前、后腰节差外，还应测准"乳缝"尺寸，应考虑在结构上增大胸省收量。

5. 溜肩体

溜肩体两肩肩端明显下斜，呈"个"字形。溜肩者着正常体型的服装后，两肩部位会起斜褶，涌现止口等现象。在女西服的制作过程中，通常借助辅助垫肩解决这一问题。

第三节　西服面料选择

　　在选购西服时，人们通常多从面料、颜色、款式和工艺四个方面去把握。其中，最基本、最直观体现出来的便是西服的面料材质，这也是最能体现西服质量、穿着舒适性和耐久性的重要因素。对于面料材质的选择主要包括面料、里料、辅料三个环节，每一环节都直接影响西服最终的成衣品质，以下主要对女西服上衣的面辅料选择进行分析。

一、西服面料

　　一直以来，纯羊毛面料或羊绒面料是被公认的各式正装西服的最佳选择材料，穿着舒适、透气性佳，满足外形需要的同时兼具实用性，所穿季节最为广泛，由于价格相对较高，所以多作为高档西服的常用面料。现在伴随科技的日益更新，各式服装面辅料材料也不断演变，西服面料的选择范围也越来越广泛，总体可概括为纯毛织品、混纺织品和纯化纤品三大类。

（一）纯毛织品

1. 华达呢

　　华达呢又名扎别丁，是由精梳毛纱织制，纱支细，呢面整齐光洁，手感滑润，厚重而有弹性，纹路挺直饱满，具有一定防水性的紧密斜纹毛织物，但易产生极光，在熨烫时避免熨烫面料正面。华达呢属于精纺高档服装面料，适宜缝制西服、中山服、女上装等。华达呢的颜色主要以素色为主，如藏青、咖啡、灰、米色系等，随着人们审美眼光的转变，色彩也逐渐丰富，融入多种流行色调。按织物组织分类，华达呢又可分为三种：

　　（1）单面华达呢：正面斜纹向右倾斜，反面没有明显斜纹，如图1-12所示。质地顺

图1-12 单面华达呢

图1-13 条纹哔叽

滑柔软，悬垂适体，是上好的女装面料。

（2）双面华达呢：正反两面纹路均向右倾斜，但正面纹路更为清晰。质地较厚，廓形好，适用于制作礼服、西服、套装。

（3）缎背华达呢：正面为右倾斜纹，反面为缎纹面，是华达呢中最厚重的品种，挺括保暖，适合做上衣和大衣面料。

2. 哔叽

用精梳毛纱织制的一种素色斜纹毛织物，呢面光洁平整，纹路清晰，质地较厚而软，紧密适中，悬垂性好，以藏青色和黑色为多，属于中高档精纺服装面料，如图1-13所示。织物表面光泽柔和，有弹性，纱支条干均匀悬垂性较好。根据所采用面料和规格的不同，哔叽又可分为哔叽、中厚哔叽、薄哔叽几类。与华达呢相比，纹路更为平坦，手感软，弹性好，但不及华达呢厚实、坚牢。用途同华达呢相似，适合制作西服、套装。

3. 花呢

花呢是精纺呢绒织物的主要品种，是花式毛织物的统称，也是花色变化最多的精纺呢绒，更是制作女时装的重要面料之一。花呢多采用优质羊毛织制，也可用人造毛、腈纶、涤纶、麻等。呢面光洁平整、色泽匀称、弹性好、花型清晰、变化繁多，适于制作男女各种外套、西服上装。

花呢种类繁多，按重量可分为薄花呢（300克/米以下）和中厚花呢（300～400克/米）；按原料可分为纯毛、毛混纺、纯化纤三类；按花型可分为素花呢、条花呢、格花呢、隐条隐格花呢、海力蒙花呢；按呢面风格可分为纹面花呢如图1-14a所示、绒面花呢如图1-14b所示。

格子花呢　　　　羊绒人字花呢

a. 纹面花呢

b. 绒面花呢

图1-14 花呢

4. 啥味呢

又称春秋呢，是一种轻微绒面的精纺毛织物，也是精纺毛纱织制的中厚型混色斜纹毛织物。啥味呢外观与哔叽相似，不同之处在于，哔叽以匹染为主，少量条染，而啥味呢是混色夹花织物，大多受过缩绒处理，呢面有均匀短小的绒毛覆盖。颜色以灰色、咖色等混色为主，也有米色、咖啡、灰绿、蓝灰色。主要分毛面、光面、混纺啥味呢三种，底纹隐约可见，手感不板不糙，糯而不烂，有身骨。光面啥味呢表面无茸毛，纹路清晰，光洁平整无极光，手感滑而挺括；混纺啥味呢挺括抗皱，易洗免烫，有较好服装保形性。啥味呢光泽自然柔和，呢面平整，表面有短细毛绒，毛感柔软，如图1-15所示。啥味呢适于制作春秋西服、两用衬衫、裙子等。

图1-15　啥味呢

5. 凡立丁

又称薄毛呢，是由精纺毛纱织制成的轻薄型平纹毛织物。面料织纹清晰，光洁平整，手感顺滑挺括，透气性好，活络有弹性，色泽多为匹染素色，鲜明匀净，少数为条格花型，以中浅色如浅米色、浅灰色为主，少有深色，如图1-16所示。凡立丁以全毛为主，也有效仿全毛风格的毛混纺和纯化纤品种，适合制作春秋或夏季的男女上衣、西裤、衣裙等，浅色系凡立丁更适合制作各式女装。

平纹凡立丁　　　　　　　　　　　　毛精纺凡立丁

图1-16　凡立丁

6. 派力司

用羊毛织成的平纹毛织品，外观隐约可见纵横交错的线条，织物表面爽滑，轻薄风凉，如图1-17所示。派力司是条染产品，以混色中灰、浅灰和浅米色为主，色牢度不及凡立丁。派力司除全毛织品外，还有毛与化纤混纺和纯化纤派力司，适于制作夏季的各式男女服装。

7. 女衣呢

俗称女式呢、迭花呢等，是精纺呢绒中较为松软轻薄型的女装面料。织物组织结构有平纹组织、斜纹组织，也有混纺组织、变化组织和提花组织，表面既有光洁、平整的，也有各种各样的绒面面料，有些品种在织造过程中还加入金银丝、彩丝等作为镶嵌装饰用料，女衣呢是众多精纺呢绒中花色变化最多的一种。由于其花色变化丰富、色泽鲜亮，织物较为柔软，纹路清晰、光泽好，有弹性，主要适用于制作春秋各式女装、童装，常见种类有以下两种：

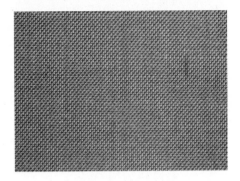

图1-17 派力司

（1）绉纹女衣呢：呢面呈现细微绉纹，是由绉组织和平纹组织配以强捻纱得到。面料悬垂适体，不易皱折，大多匹染，适合做套裙等。

（2）提花女衣呢：提花女衣呢可分大、小提花两种，小提花女衣呢织纹清晰，质感柔软，以匹染居多；大提花女衣呢的图案更为生动、丰富，是众多高档时装用料的选择，如图1-18所示。

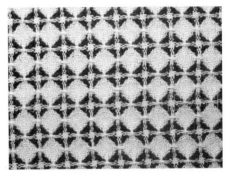

图1-18 提花女衣呢

8. 直贡呢

又称礼服呢，属中厚型缎纹毛织物。所用纱线细，织物密度大，织物纹路清晰，手感厚重、柔软，表面平滑，光泽明亮，富于弹性，穿着贴身舒适，适于制作西服、大衣、中山服及鞋帽等，如图1-19所示。贡呢面料多采用全毛、毛涤、毛粘等，多为匹染素色，且以深色为主。其缺点是浮线较长，耐磨性不佳，易起毛擦伤。

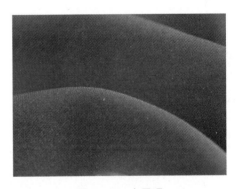

图1-19 直贡呢

（二）混纺织品

1. 涤毛花呢

其组成成分为涤纶55%，羊毛45%，质地较为厚实，手感丰满，强力高，牢度好，挺括、抗皱性好。由于质地偏厚，适宜制作秋冬类服装。

2. 凉爽呢

凉爽呢为涤毛精纺薄花呢的商业名称，因其凉爽的特色得其名，又称"毛的确良（凉）"，其中涤纶55%、羊毛45%，既保持羊毛的优点，又能发挥涤纶的长处。料薄，但坚牢耐穿，具有爽、滑、挺、防皱、防缩、易洗快干等特点，逐步取代全毛或丝毛薄花呢，适于制作

图 1-20　凉爽呢

图 1-21　涤粘花呢

图 1-22　粗纺呢绒

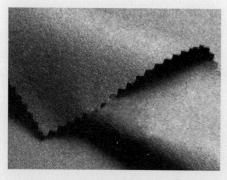

图 1-23　麦尔登

春夏男女套装、裤料等，不宜做冬季服装，如图 1-20 所示。

3. 涤毛粘花呢

面料组成成分为涤纶 40%、羊毛 30%、粘胶丝 30%，呢面细洁，毛型感强，条纹清晰，挺括，牢度较好，价格相对低廉。

（三）纯化纤织品

1. 纯涤纶花呢

面料表面平滑细洁，条型清晰，手感爽、挺，易洗快干，其缺点是穿久后易起毛，影响美观。宜做男女春秋西服。

2. 涤粘花呢

面料采用涤纶和粘胶丝一起混编而成，涤纶约占 50%～65%，粘胶丝约占 35%～50%，因此，摸起来毛型感强，手感丰满厚实，弹性较好，价格低廉，如图 1-21 所示。宜做男女春秋服装。

3. 粗纺呢绒

又名"粗料子"，织物表面平整光滑，有细密绒毛，织纹一般不显露，色彩纯正，光泽自然，手感柔软，富有弹性，由于原料品质差异较大，所以织品优劣悬殊亦大，如图 1-22 所示。

4. 麦尔登

用进口羊毛或中国国产一级羊毛，混以少量精纺短毛织成。呢面丰满，纹路紧密，细洁平整，身骨紧密而挺实。面料富有弹性，不起球，不露底纹，保暖、耐磨性好，挺括不皱，同时具有抗水防风性，如图 1-23 所示。麦尔登多以匹染素色为主，适合制作各式男女西服和女式大衣。

5. 大衣呢

属于厚型面料，质地丰厚，保暖性强。有平厚、立绒、顺毛、拷花等花色品种。用进口羊毛和一、二级中国国产羊毛纺制的质量较好，呢面平整，手感顺滑，弹性好。用中国国产三、四级羊毛纺制的手感粗硬，呢面有抢毛。大衣呢因适宜制作冬季大衣而闻名，故宜做男女长短大衣。

6. 海军呢

海军呢为海军制服呢的简称，又称细制服呢，是粗纺制服呢中品种最好的一种，因多用于制作海军制服而得名。呢面细整柔软，质地紧密，弹性较好，光泽自然，手摸不板不糙，基本不露底，耐磨，用途与麦尔登相似，如图1-24所示。

7. 制服呢

又称粗制服呢，属于粗纺呢绒中的大众化产品，包括全毛、毛粘、毛粘锦、腈纺粘制服呢，在粗纺呢绒中占有重要地位，但品质较低。呢面平整但较为粗糙，色泽较弱，手感不够柔和，耐磨但易露底，原料及品质不及海军呢，价格也相对较为低廉。制服呢主要以藏青、黑色为主，适于制作秋冬制服、外套、夹克衫以及各类劳保服装。

图1-24　海军呢

8. 法兰绒

法兰绒最早源于英国，国内一般是指混色粗梳毛纱织制的具有夹花风格的粗纺毛织物，属于中高档混色粗纺毛织物。织物的呢面绒毛细洁，混色灰白均匀，一般不露或稍露底纹，且手感柔软有弹性，保暖性好，穿着舒适，如图1-25所示。面料色泽素雅大方，以素色为主，如浅灰、中灰、深灰等，适用于制作春、秋、冬季各式男女西服、大衣、西裤等，较为轻薄型的法兰绒还可以制作衬衫、裙子等。

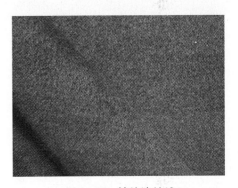

图1-25　精纺法兰绒

二、西服里料

里料是服装最里层用来覆盖服装里面的夹里布，是为补充面料本身不能获得服装的完备功能而加设的辅助材料，更是服装的重要组成部分，一般适用于中高档服装以及面料需加强的服装，可提高服装的档次并增加其附加值。里料的种类很多，其划分方法也很多，按其原料的不同主要划分为绸里、绒里、皮里和各种化学纤维里料等，西服最常用的里料类型主要包括以下几类。

（一）天然纤维里料

天然纤维里料主要是指以天然纤维为原料纯纺制成，常见的有纯棉里料、真丝里料。

1. 纯棉里料

吸湿性、透气性好，穿着舒适，不易脱散、价格低廉，适用于休闲类服装、婴幼儿服装制作，不适合作为正式西服里料，但可用于休闲西服的里料制作。纯棉里料的面料稳定

图1-26 真丝

图1-27 塔夫绸

性较差，易缩水，在实际运用时需预缩处理。

2. 真丝里料

光滑、质轻、美观而又透气，吸湿、透气性好，对皮肤无刺激，不易生静电，多为夏季薄料西服以及纯毛的高级服装、裘皮服装采用，如图1-26所示。由于凉爽感好，特别适用于较薄毛料服装，但是由于真丝里料轻薄、光滑，对其加工工艺有较高要求。

（二）化学纤维里料

1. 尼龙绸、涤纶绸

由涤纶及锦纶长丝织成的平纹素色涤纶绸、尼龙绸、塔夫绸（图1-27）、斜纹绸等是国内外广泛采用的里料，其弹性好、不易起皱、易洗快干、不缩水、不虫蛀、耐磨性好而且价格低廉是其受欢迎的主要原因。但由于其吸湿性较差、易起静电、舒适性不佳，故不适合做夏季服装里料。

2. 人造纤维里料

人丝软绸、美丽绸等长丝织物，光滑而富丽，易于定型，是中高档服装普遍采用的里料。但由于其缩水率大，湿强低，所以制作时要充分考虑里料的预缩及裁剪余量。

（三）混纺与交织里料

1. 醋酯纤维里料

醋酯丝里料是以纤维素与醋酯发生反应生成纤维素醋酸酯，经纺丝交织成织物，由于其纤维可降解，具有环保性，又由于静电小，缩水率小，尺寸稳定性好，穿着滑爽，所以常用作高档西服里料，但它的热缩性大，洗涤后熨烫需小心。与真丝相似，质轻、光滑，适用于各种服装，但是其裁口边缘易脱散，如图1-28所示。

2. 羽纱

以粘胶或醋酯纤维为经纱，粘胶短纤维或棉纱为纬纱织成，质地较为厚实，耐磨性好，又有很好的手感，是西服、大衣及夹克衫常用的里料。

3. 氨丝里料

氨丝里料又称宾霜里料，是以棉籽绒为原料，经过铜氨溶液溶解抽丝而制成的，由于它具有降解环保性、抗静电性、穿着顺滑性，所以近年来高档西服常用它作里料，如图1-29所示。但是由于其沾水后易产生水渍，所以铜氨丝里料一般只适于干洗，这点要特别注意。

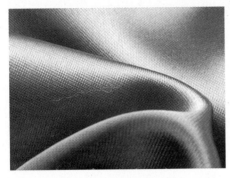

图1-28　醋酯纤维里布

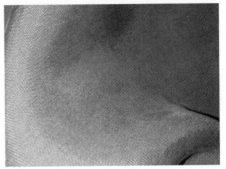

图1-29　纯铜氨丝里料

三、西服衬料

衬料与垫料是介于服装面料与里料之间，起着衬托外形、完善服装造型的作用，它可以是一层，也可为多层，又被称为衣衬，被视为服装造型的骨骼，也是服装辅料中最重要的角色，尤其是对西服更为功不可没。衬料的种类繁多，市场容量大，对西服的质量至关重要。之所以用衬布，主要可保持西服的结构形状和尺寸的稳定性，提高服装的保暖性、抗皱能力和强度，改善西服加工性能。西服常用的衬料有黑炭衬、马尾衬、麻衬、黏合衬（机织、针织、非织造）、树脂衬等。

1. 黑炭衬

黑炭衬是用动物性纤维（如牦牛毛、山羊毛、人发等）或毛混纺纱为纬纱、棉或混纺纱为经纱，加工成基布，再经过树脂整理加工而成。因为我国炭黑衬的生产技术是从印度传入的，因印度人偏黑，这种衬布又呈灰黑色，故当时俗称"黑炭衬"，这一名称一直沿用至今，其实它与"黑炭"毫不相干。黑炭衬的主要特点是硬挺、纬向弹性好、经向悬垂性好，主要用于西服、大衣的前片、肩、袖等部位，可使西服具有挺括、丰满的效果，如图1-30所示。由于在加工过程中黑炭衬已经过树脂处理，水洗或干洗后变化皆较小，因此它具有与面料较好的配伍性和适应水洗、干洗的性能。

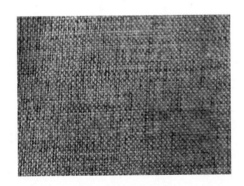

图1-30　黑炭衬

2. 马尾衬

马尾衬是由马尾鬃作纬纱，棉纱或棉混纺纱为经纱编织为基布，再经定型或树脂加工而成，又称马鬃衬。马尾衬的弹性很好，柔而挺又不易起皱，高温条件下易于造型，透气性好且缩水小，是传统西服和高档服装生产的必选辅料，在各种西服衬中处于"王者"地位，主要用在西服前片做盖肩衬，也时可以根据西服的需要做胸衬，如图1-31所示。

3. 麻衬

由麻平纹或麻混纺平纹制成，可分为纯麻布衬和混纺麻布衬。由于麻纤维刚度大，所以麻衬有较好的硬挺性和弹性，是西服、大衣以及一些高档服装的主要用衬，如图1-32所示。

图1-31　马尾衬　　　　　　　　　　　图1-32　麻衬

4. 黏合衬

又称热熔黏合衬，是将热熔胶涂于基布之上所制成。黏合衬简化了服装加工工艺，以粘代缝，提高了缝制效率，使用简单，易于操作，只需在一定的温度、压力和时间条件下，使黏合衬与面料（或里料）充分黏合，即可得到挺括、美观、富有弹性的定型效果。黏合衬的使用对西服起到了很好的造型、保型作用，使西服外观更为美观，穿着更为舒适。

黏合衬种类丰富，其划分方法也很多，按底纹布类别可以分为机织黏合衬、针织黏合衬和非织造布黏合衬。按热熔胶种类又可分为聚酰胺（PA）黏合衬、聚酯（PET或PES）黏合衬、乙烯醋酸乙烯（EVA）黏合衬、聚乙烯（PE）黏合衬等。

（1）聚酰胺黏合衬：价位较高，耐干洗，不耐热水洗涤。黏合性好、弹性较佳、悬垂性优良、低温手感柔软，热压温度在100～120℃左右，适用于耐干洗的高档服装。

（2）聚酯黏合衬：价格低廉，黏合强度适中（对涤纶织物较好），具有中等程度耐水洗、耐干洗性、热压温度为120～140℃，手感较好。适用于外衣黏合衬，也可用于衬衫黏合衬，西服用之较多。

（3）乙烯醋酸乙烯黏合衬：黏合衬布由于其水洗、干洗性能均差，只用于服装的暂时性黏合。为了提高EVA的耐洗性能，对它进行改性处理，变成改性乙烯醋酸乙烯（EVAL），则其耐水洗干洗很好，可应用于西服。

（4）聚乙烯黏合衬：价格较为低廉、耐水洗性好、耐干洗性差，压烫黏合温度较高（160～190℃），手感稍硬，适于做领衬，如衬衫领。

黏合衬运用是否得当也会对服装质量造成影响，因此，在选择黏合衬时，需考虑服装用衬部位、服用性能、服装款式以及洗涤条件等因素，并使黏合衬与衬料相匹配，同时，需了解黏合衬的种类、热熔胶性能以及加工工艺等条件，以免造成困扰。

本章小结

1. 传统西服构成的基本形式包括西服的两件套和三件套，而两粒扣和三粒扣又为其结构的基本样式，通过这些基本要素的组合搭配，形成了现有市面上变化多样的西服款式。

2. 人体测量数据是服装设计及生产的基础，由于目前大部分情况下多采用手工测量，为最大限度地减少误差，测量时对被测量者、测量者及测量尺寸都有严格要求，只有严格遵守，才能在最大限度上减少测量误差。

测量特殊体型时，主要运用经验判断与测量加推算相结合的方法，在测量常规体型基础之上，增加特殊部位的测量数据，所测得数据只作为结构制图的参考尺寸。

3. 通常在选购西服时多从面料、颜色、款式和工艺四个方面去把握，其中，最基本、最直观体现出来的便是西服的面料材质，也是最能体现西服质量、穿着舒适性和耐久性的重要因素。对于面料材质的选择主要包括面料、里料、辅料三环节，每一环节都直接影响西服最终的成衣品质。

思考题

1. 简述女西服产生及发展过程中的变化特征。
2. 掌握女西服上衣的量体方法。
3. 根据女西服上衣款式的不同选择合适的面辅料。

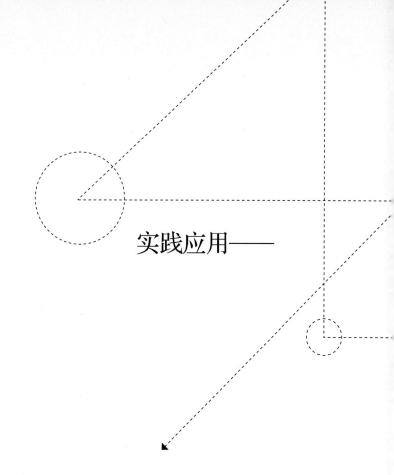

实践应用——

女西服样板制作

课题名称：女西服样板制作

课题内容：戗驳头公主线结构女西服制图、纸样制板和工业制板的绘制

课题时间：18 课时

教学目的：能结合所学的西服结构原理和技巧设计绘制不同款式西服。

教学方式：讲授及实践

教学要求：1. 掌握戗驳头公主线结构西服结构制图的相关知识。

2. 熟练绘制戗驳头公主线结构西服的纸样制板。

3. 掌握戗驳头公主线结构西服的工业制板。

课前（后）准备：

1. 准备制图工具：测量尺、直角尺、曲线尺、方眼定规、量角器、皮尺、笔、橡皮擦。

2. 准备作图纸：四六开牛皮纸（1091mm×788mm）。

第二章 女西服样板制作

第一节 戗驳头公主线结构西服制图

一、款式说明

1. 款式图（图2-1）

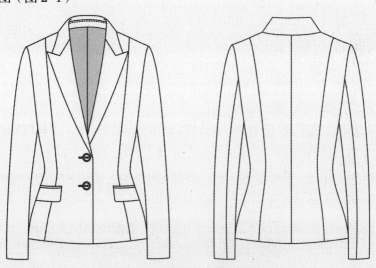

图2-1 戗驳头公主线西服款式图

2. 款式说明

本款服装为紧身公主线分割造型春秋西服女套装，这种结构的服装衣身造型优美，能很好地体现女性身体的曲线美。

（1）衣身构成：是在四片基础上，分割线通达肩线的公主线结构，衣长在腰围线以下15～20cm。

（2）衣襟搭门：单排扣。

（3）领：V形戗驳头翻领。

（4）袖：两片绱袖、无袖开衩。

（5）垫肩：1.5cm 厚的包肩垫肩，在内侧用线襻固定。

3. 面辅料选择（表2-1）

表 2-1　面辅料选择

面料选择		本款服装面料可采用驼丝锦、贡丝锦等精纺毛织物及毛涤等混纺织物，也可使用化纤仿毛织物，并用黏合衬做成全衬里 幅宽：144cm、150cm、165cm 估算方法为：（衣长＋缝份10cm）×2 或衣长＋袖长＋10cm（需要对花对格时适量追加）
里料选择		幅宽：90cm、112cm、144cm、150cm 幅宽：90cm 估算方法为：衣长 ×3 幅宽：112cm 的估算方法为：衣长 ×2 幅宽：144cm 或 150cm 的估算方法为：衣长＋袖长
辅料选择	黏合衬	（1）有纺黏合衬　幅宽：90cm 或 112cm，用于前衣片、侧片、贴边、领面、领底和驳头的加强（衬）等部位 （2）无纺黏合衬　幅宽：90cm 或 120cm（零部件用），用于下摆、袖口、袋盖等部位
	牵条	（1）直丝牵条：1.2cm 宽，用于门襟等处，把黏衬用熨斗烫在需要固定的位置，再进行缝制，使缝制部分不变形 （2）斜丝牵条：1.2cm 宽，用于容易变形的领口、袖窿、肩缝等处，把黏衬用熨斗烫在需要固定的位置，再进行缝制边，使缝制部分不变形
	垫肩	厚度：1 ~ 1.5cm，绱袖用，1副
	纽扣	直径 2cm 的 2 粒，前搭门用

二、作图

准备好制图工具，包括测量尺寸、画线用的直角尺、曲线尺、方眼定规、量角器、测量曲线长度的皮尺。

作图纸选择的是四六开的牛皮纸（1091mm×788mm），易于操作且大小适中，制图时要选择纸张光滑的一面，以方便擦拭，避免纸面起毛破损。

制图线和符号必须按照标准制图要求正确画出，标注清晰，通俗易懂，这也是制图的重点。

（一）确定成衣尺寸

设计成衣规格表时，先在中间号型这一栏里填写从中间体号型样衣板型上量取的规格数值，然后再逐档计算、设置并填入其他各档的数值，设计成衣规格。

成衣规格：160/84A，依据女装号型标准 GB/T1335.2—2008《服装号型　女子》。基准测量部位以及参考尺寸，如表2-2所示。

表2-2　成衣规格　　　　　　　　　　单位：cm

编号	部位名称	身高	160	公差 ±
		净胸围	84	
		净腰围	68	
		净臀围	90	
1	前身长		67.5	1
2	胸围		92	2
3	中腰围		76	+2-3-1
4	下摆围		102	2
5	袖长		56.5	0.7
6	袖肥		32.5	0.7
7	袖口大		13.5	0.5
8	驳头宽		7.5	0.2
9	后身长		51.5	1
10	大肩宽		38	0.8
11	驳头领嘴宽		4	0.2
12	翻领前宽		3.5	0.2
13	翻领后宽		3.5	0.2
14	领座宽		2.2	0.2
15	袋盖长		12	0.3
16	口袋宽		5	0.2
17	口袋垫布宽		4	0.2

编号	部位名称	身高	160	公差 ±
		净胸围	84	
		净腰围	68	
		净臀围	90	
18	第一扣眼距下摆		20	0.3
19	第二扣眼距下摆		12	0.5
20	里袋口长		12	0.4
21	里袋口垫布宽		3	0.2

1. 衣长

衣长是指后衣长（后中线由后领口点至下摆），在实际的工业生产中，衣长的确定方法通常根据款式图——依据袖长与衣长的比例关系来确定衣长的长短（因为尺骨点与臀围线在一条水平线上，可以作为参照依据，这是初学者必须要掌握的基本方法）。该款式为中长上衣。衣长在臀围线附近是上衣常采用的长度，也是西服套装中常见的长度；也可以站着测量，即从脖子算起到地面距离的 1/2 为最佳。对于较矮的人，上装的下摆可以从臀围处上移 1.5cm 左右，会使腿显长、身材匀称。

2. 袖长

袖长尺寸的确定是由肩点到虎口上 2cm 左右。款式为春秋套装，采用 1 ～ 1.5cm 的垫肩；袖长增加度要注意，制图中的袖长约为：测量长度＋垫肩厚度。

3. 胸围

即成品胸围，将样衣的成品胸围按号型系列里的胸围档差适当增减编制成表（胸围加放量与制作西服的材料、材质及款式风格有关，一般加入量在 6 ～ 12cm 之间。弹性面料可加放 6cm。本样板以收身效果强、薄型毛料面料进行设计制板，胸围加放 6cm）。

4. 腰围

在工业生产制图中，腰围的放松量不要按净腰围规格加放，在制图规格表中可以不体现；根据号型规格的胸腰差（Y/A/B/C）制定即可。以 160/84A 为例，A 体的胸腰差为 18 ～ 14cm，最大胸腰差值为 76 ～ 80cm，最小的胸腰差值为 80 ～ 84cm。

合体服装需要设置"成品腰围"，半宽松及宽松服装通常不设置"成品腰围"。可将样衣的成品腰围按号型系列里的腰围档差适当增减编制成表。

5. 臀围

在工业生产制图中，臀围的放松量不按净臀围规格加放，在制图规格表中可以不体现，臀围值往往是由胸围值根据款式要求加放尺寸，但初学者必须根据臀围尺寸设计下摆的尺寸。成品臀围是将样衣的成品臀围按号型系列里的臀围档差适当增减编制成表。人体的臀围档差稍小于胸围档差，但在成衣规格表中一般可以模糊处理，让臀围与胸围同值增减，以方便推板、制衣工艺及品检的可操作性，至于由此产生约 1 ～ 2cm 的累积性误差在多数情况下可以忽略（因其对服装造型效果及合体性影响甚微）。

6. 下摆大

在工业生产制图中，下摆尺寸即成衣的下摆大小，成衣下摆大是设计量值，往往根据款式需求而定，但需要制图人员有一定经验，如果没有经验就要根据臀围值加放。

7. 袖口

袖口尺寸为掌围加松度，西服通常为 22 ~ 26cm。

8. 肩宽

成衣的肩宽为水平肩宽，在纸样设计时需要加放尺寸。

也可以按照此公式计算：肩宽＝衣长 ×0.618（黄金分割比）。

（二）制图步骤

戗驳头公主线结构西服属于八片结构套装典型基本纸样，这里将根据图例分步骤进行制图说明。

1. 衣身作图（图 2-2、图 2-3）

（1）作一条垂直线为后中心线。

（2）衣长绘制后中心线辅助线：作后中心线的垂直线，确定为上平线；在后中心线上由上平线向下取尺寸 55cm 确定下摆线位置，在后中心线的垂直线上由上平线向下摆线方向取 0.5 ~ 1cm，也就是后腰节小于前腰节 0.5 ~ 1cm。确定后片上平辅助线，由 1cm 点向位置向下摆线方向再取 2.5cm 点确定出后颈点。

（3）确定前中心线辅助线：以 $B/2+2$ 为数据，做上平线垂线，确定为前中心线辅助线（其中后背线在胸围线处收进 1cm、工艺收缩量半胸围 1cm）。

（4）确定胸围线：由上平线与前中心线辅助线交点向下摆线方向取 24.5cm 点确定出胸围线。

（5）确定腰线：在后中心线上由后颈点向下摆线方向取 40cm 点确定出腰线。

（6）确定前领口：前中心线与上平线交点向下 $B/12$（7.4）做前领深线，向后 $B/12-0.5cm$（7.1）做前领宽线。

（7）确定前肩斜线：以上平线为边，前领宽点为顶点做 22° 为前肩斜线。

（8）确定胸宽线：从前中心线向后 $1.5B/10+2.7cm$ 作平行于前中心线的胸宽线。

（9）确定前肩宽线：胸宽线与前肩斜线相交。交点向后中线方向延长 2 ~ 2.5cm 作为前肩点，确定出前肩宽线。

（10）确定袖窿深线：前肩点向下 $2B/10-$（1 ~ 1.5cm）作为袖窿深线。

（11）确定侧缝线：平分 $B/2+2cm$ 作为前后胸围，确定出腋下点，以此点作垂线，作为侧缝辅助线。

（12）确定胸点：从上平线向下量 24.5cm 后从前中心线向后量 10cm，作为胸高点（BP 点）。

（13）确定后胸围线：将腋下点与胸点相连，向下摆方向作 13° 角与侧缝线交于另外一点，过此点做后中心线垂直线，为后胸围线。

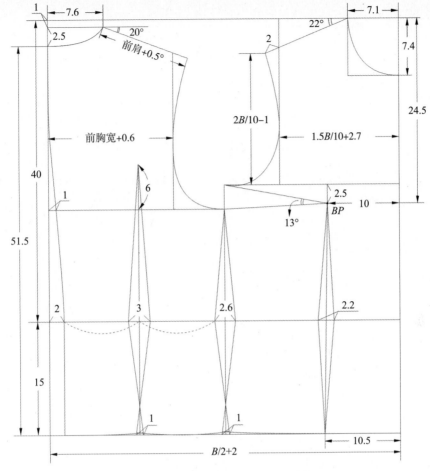

图 2-2　戗驳头公主线结构西服衣身结构图 1

（14）确定前腰省：从前中心点向后 10.5cm（大于胸距 0.5cm）连接 BP 点交腰围线。腰省量 2.2cm，左右平分，为前腰省。

（15）确定后领口：由后中心线与后片上平辅助线交点在后片上平辅助线上取后领宽，后领宽比前领宽大 0.5cm，为 7.6cm。后领深 2.2 ～ 2.5cm。

（16）确定后肩斜线：后领宽点为顶点做 20° 为后肩斜线。

（17）确定后肩宽：后肩宽 = 前肩宽 +0.5 ～ 0.8cm。

（18）确定后背宽：后背宽 = 前胸宽 +0.6 ～ 1.0cm。

（19）确定后腰省、侧缝省：后胸围线上 1cm 为空量。后腰线上 2cm 为空量。后省高点在后胸围线上 5 ～ 6cm，后省份 3cm，侧省缝 2.6cm，下摆交叉量 1cm。

（20）袖窿线：由新肩峰点至腋下胸围点画新袖窿曲线，春夏装新前袖窿曲线的通常不追加胸宽的松量。

（21）绘制前公主线：将前肩斜线平分为二等分，由该点过胸点分别与前腰省点和下摆 10.5cm 点连线，确定出前公主线。

（22）绘制后公主线：将后肩斜线由肩点取前肩斜线的 1/2，由该点分别与后腰省点和下摆交叉量 1cm 连线，确定出后公主线。

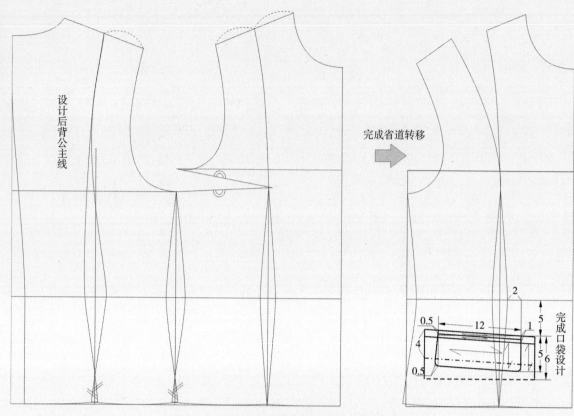

图2-3　戗驳头公主线结构西服衣身结构图2

（23）绘制侧缝线：将腋下点分别与侧缝腰省连线，再与下摆交叉量1cm连线，确定出侧缝线。

（24）绘制下摆线：在下摆线上，为保证成衣下摆圆顺，下摆线与侧缝线要修正成直角状态，起翘量根据下摆展放量的大小而定，下摆放量越大起翘量越大。

（25）前刀背线：以BP点为圆心将腋下胸凸量转移至前肩线中，弧度考虑到工艺制作的需求，弧度尽量不要过大。

（26）口袋的画法：先确定口袋的位置。

① 本款口袋为双开线带盖式口袋，其由袋盖、袋布、开线、垫袋布四部分组成。

② 制图步骤：由前袋口点作平行于腰线的水平线5cm，定出袋口长12cm、后袋点起翘0.5cm，袋口宽5cm，作平行于袋口线上下各0.5cm的双开线。由上袋口线取4cm为垫袋布，取袋布宽16cm、长6cm，本款的衣长较短，因此口袋布深度较小，如图2-3所示。

2. 领子作图（图2-4）

（1）前止口线：前搭门宽2cm，与前中心线平行2cm绘制前止口线，并垂直画到下摆，成为前止口线。

（2）纽扣位的确定：纽扣位的确定在款式中首先要考虑的是设计因素，门襟的变化决定了纽扣位置的变化。纽扣位置在搭门处的排列通常是等分的，但对衣长特别长的衣服，其间距应是愈往下愈长，否则其间隔看来是不相等的。

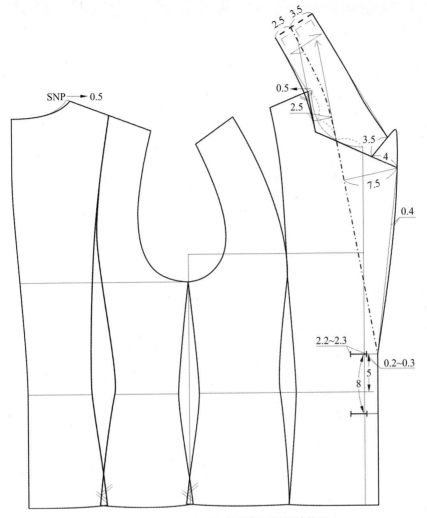

图 2-4　戗驳头公主线结构西服领结构图

　　本款式纽扣为二粒，第一粒纽扣位腰节向上取 5cm 点，第二粒纽扣位在腰节线向下 3cm，扣距 8cm。

　　（3）纽扣位的画法：在服装工业生产制图中，纽扣位的画法又分为扣位的画法和眼位的画法两种。在结构制图中要准确标注是扣位还是眼位。

　　① 扣位的画法：通常不需要锁眼的扣位，在服装中标注为圆形十字扣，十字中心即是钉扣点，圆的大小即扣子的直径，常用在西服的袖口、双排扣西服的前门内侧。

　　② 眼位的画法：由前中心线往止口方向放取 0.2 ~ 0.3cm，确定扣位的一边，再由扣位边向侧缝方向取扣眼大 2.2 ~ 2.3cm，扣眼大小取决于扣子直径和扣子的厚度。

　　（4）绘制领口：将前后横领宽开宽 0.5cm，确定新 SNP。

　　（5）绘制驳头、翻领：前领口线 1/3 位置画一条长度 2.5cm 与肩线平行的线，作为前底领宽，端点与翻折点连线并画出驳口线，前肩外端 3cm 处取点，与领口下 5cm 处连线作为串口线并在驳口线与串口线之间定驳头宽 7.5cm，驳头宽要垂直于领翻折线。从 SNP 处画翻折线的水平线，取后领尺寸作为后绱领线，将绱领线倒伏 3cm（以 SNP 为原点向外转 3cm），做绱领线的垂线作为后中线（后领底宽 2.5cm，后翻领宽 3.5cm），画翻领、领子翻折线和戗驳头。

（6）修正后翻领型：将绱领口线和领翻折线、领外口线修正为圆顺的线条。（注意：绱领口线修顺后与衣片有重叠的部分，在分离纸样时要注意正确处理。很多初学者经常把前衣片按照修正的前绱领口线剪掉，造成肩线长不够、横领宽出错。）

3. 翻领的处理、贴边的处理、里袋作图（图 2-5）

（1）翻领的分裁设计：为防止领子分割线外露，在领后中线上由领翻折线向下取 0.3cm，再在领串口线由领翻折线向领底线方向同样取 0.3cm，作出翻领的领下口线，完成后翻领的制图。

（2）翻领的处理：将领样板平分三等份，收省 0.3cm；沿领中线将领样板切开，按画好的位置将样板剪开，外领口及内领口处不要剪断，按省量大小将样板折叠起来，顺画领口弧线。

通过制图可以看出，翻领的领下口线会比底领的领上口线要长，大约 1cm 左右，合缝时要将翻领的领下口线吃缝在底领的领上口线领子上。

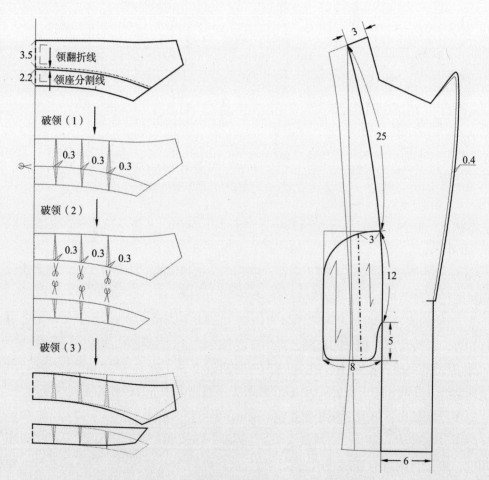

图 2-5　戗驳头公主线结构西服领子、贴边、里袋结构图

（3）绘制贴边线：在前肩线上由前侧颈点向肩端点方向取 3cm 点，在下摆线上由前门止口向侧缝方向取 6cm，两点连线，成为贴边线，修正贴边，在成衣制作时为防止西服的驳头翻折造成外口的止口倒吐，通常根据面料移动 0.4cm，厚面料向上移动 0.5～0.7cm，重新绘制轮廓线。

（4）里袋的画法：在贴边线上由 3cm 向下摆方向取 25cm，确定袋口位置，里袋口长 12cm，宽 14cm，袋深 26cm，里袋布的画法，在贴边线上由胸围线下量 3cm，确定袋口位置，里袋口长 14cm，宽 8cm，袋深 27cm。

4. 袖子作图（合体两片袖结构设计制图及分析）（图 2-6）

本款西服袖是典型的两片结构的套装袖。

（1）袖子基本型：将前后衣身的袖窿对合，在袖窿底部画水平线作为袖肥线，侧缝点作垂线作为袖山线，测量袖窿弧线长度（AH），取 AH/3 作为袖山的高度。

（2）确定前袖山斜线、后袖山斜线、袖肥：从袖山顶点取前 AH、后 AH+1 绘制出前袖山斜线和后袖山斜线与袖肥线相交定袖肥大小（一般为上臂围 +6cm 合适）。

（3）确定袖肘线：从袖山垂直取袖长长度为袖口线位置，取袖肥线向上 2.5cm 处与袖口线间的 1/2，向上 1.5cm 处做袖肘线（EL）。

（4）绘制袖山弧线：将前袖山斜线平分为四等分，在前袖山斜线近袖山顶点前 AH/4（△）处向外做垂线取 2cm 处的点（基准点 1），在 1/2 点处向腋下点方向取 1cm 点（基准点 2），在靠近腋下点的 1/4 点向内取 1.5cm 点（基准点 3）；袖山顶点后 AH+1 的近袖山顶点位置量取△，向外做垂线，取 1.8cm 处的点（基准点 4），袖山顶点后 AH+1 的近腋下点位置量取△，向内做垂线，垂直向内取设计量 1cm，取 1m 处的点（基准点 5），袖肥线之间的袖山弧线要与袖窿底部弧线完全吻合，过前后腋下点，袖山定点与 5 个袖山基准点，用弧线分别连线画顺，绘制出圆顺袖山弧线。

（5）绘制两片袖：将前后袖肥分别二等分，画垂直线交于袖山线和袖口线上，画出偏袖线（前偏袖线：袖肘处

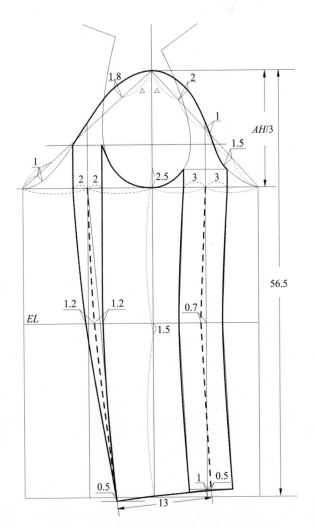

图 2-6　戗驳头公主线结构西服袖子结构图

往里进 0.7cm，袖口往外偏 0.5cm 并上抬 1cm），从前偏袖线取 13cm 画后偏袖线（袖口处向下 0.5cm，与后袖肥线 1/2 处的点连接，交在 EL 上的点与后袖肥线 1/2 处的垂线间的距离二等分取中点，圆顺后偏袖线）。在以前偏袖线 3cm、后偏袖线 2cm 的间距，分别向内外侧移，画出大、小袖，小袖的袖窿要与衣片的袖窿底重合。

（6）测量袖窿弧线长，确定袖山的吃缝量（袖山弧线与衣身的袖窿弧长 AH 的尺寸差），检查是否合适。本款式的吃缝量为 3.5cm 左右。通常情况下，袖子的袖山弧线长都会大于衣身的袖窿弧线长，而这个长出的量就是袖子的袖山吃势。吃势是服装中的专用术语，简单地说，两片需要缝合在一起的裁片的长度差值就被称为吃势。反映到袖子上，一般袖山曲线长会长于袖窿曲线长，其差值就是袖窿的吃势。在袖子袖山高已经确定的前提下，袖子的吃势是由衣身袖窿弧线的长短减去袖山曲线的长短来确定的。可以通过调整袖山曲线的弧度来控制吃势的大小。在袖子原型的制图中，其袖山的弧线长要比袖窿的弧线要长出 2 ～ 2.5cm 左右，而这 2 ～ 2.5cm 正是原型袖中的袖山吃势。在袖子的袖山上作出吃势是为了使袖子的袖山头更加圆顺和赋予立体感。袖山的吃势量控制要根据服装款式的造型和所选用面料的厚薄来确定，一般是袖山越高，面料相对越厚时，其袖山的吃势量就要求越多。反之，袖山越低，所选用的面料越薄，其袖山的吃势量就要求越少。吃缝量的大小要根据袖子的绱袖位置、角度以及布料的性能适量决定。

第二节　戗驳头公主线结构西服纸样制作

　　制板是服装工业化生产中的一个重要技术环节。制板即打制服装工业样板，是将设计师或客户所要求的立体服装款式根据一定的数据、公式或通过立体构成的方法分解为平面的服装结构图形，并结合服装工艺要求加放缝份等制作成纸型。服装工业样板（工业纸样）是服装工业化生产中进行排料、画样、裁剪的一种模版。它为服装缝制、后整理提供了便利，同时又是检验产品形状、规格、质量的技术依据。

　　纸样是将作图的轮廓线拓在别的纸上，剪下来使用的纸型。作为成衣纸样设计，需考虑生产问题，因此绘制完纸样必须做成生产性样板，作为单件设计和带有研制性的基本造型纸样更是如此，这是树立设计专业化和产品标准观念的基本训练。纸样制作是指对一些纸样结构进行修改，使之可以达到美化人体、提高品质、减少工时、方便排料、节省用料等目的。

一、检验纸样

　　检验纸样是确保产品质量的重要手段，其检查内容主要包括以下几项内容：

1. 检查缝线长度

　　部分缝合的边线最终都应相等，如侧缝线的长度、大小袖缝线的长度等。要保证容量的最低尺寸，如袖山曲线长大于袖窿曲线长 3.5cm 等。

2. 对位点的标注

　　检查袖窿对位点、衣身对位点，如三围线、袖肘线、驳头绱领止点等，如图 2-7 所示。

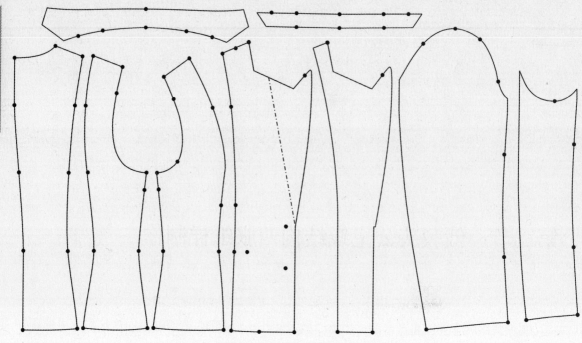

图 2-7　戗驳头公主线结构西服对位点的位置

3. 纱向线的标注

纱向用于描述机织织物上纱线的纹路方向，纱向线的标注用以说明裁片排版的位置。裁片在排料裁剪时首先要通过纱向线来判断摆放的正确位置，其次要通过箭头符号来确定面料的状态，如图 2-8 所示。

需要说明的是裁片的纱向标注必须贯穿纸样，不能只起到说明的目的，在实际裁剪中，要用直角尺或丁字尺来测量裁片纱向与布边的距离，以保证裁片纱向线两端的测量数据相等，矫正裁片的位置。

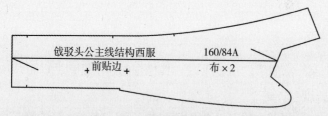

戗驳头公主线结构西服　　　160/84A

前贴边　　　布×2

图 2-8　戗驳头公主线结构西服纱向线及工艺符号的标注

4. 工艺符号的标注

纱向的上下标注一定要清楚准确，通常纸样上有四个标注：款式名称、尺码号、裁片名称、裁片数。

所有的定位符号（扣位、袋位等）、打褶符号、工艺符号等都要标准明确。全部的纸样需画上对位记号和直丝（经纱方向）线，写上部件名称。另外，上下方向容易混同的纸样，要画出指向下方的标志线。

二、复核全部纸样

复核后的纸样经裁剪制成成衣，用来检验纸样是否达到了设计意图，这种纸样称为"头板"。虽然结构设计是在充分尊重原始设计资料的基础上完成，但经过复杂的绘制过程，净样板与目标会存在一定误差，因此应在净样板完成后对样板规格进行复核。此外，服装是由多个衣片组合而成，衣片的取料、衣片间的匹配等因素直接影响服装成品的质量，为了便于各衣片在缝制过程中准确、快捷地缝合，样板在完成轮廓线的同时还应标示必要符号，以指导裁剪缝制等各工序的顺利完成。样板的复核通常包括以下内容：

对非确认的纸样进行修改，调整甚至重新设计，再经过复核成为"复版"制成成衣，最后确认为服装生产纸样。除复核面板纸样外，还有里板纸样、衬板纸样、净板纸样等，如图 2-9 所示。

1. 对规格尺寸的复核

依照已给定的尺寸对纸样各部位进行测量，围度值及长度值均需仔细核对，实际完成的纸样尺寸必须与原始设计资料给定的规格尺寸吻合。在通常情况下，原始设计资料都会给定关键部位的规格尺寸、允许的误差范围及正确的测量方法，这些关键部位因为服装款式的不同而有所不同，如胸围、腰围、衣长等。净样板完成后，必须根据原始设计资料所要求的测量方法对各关键部位进行逐一复核，保证样板尺寸满足于原始设计资料。

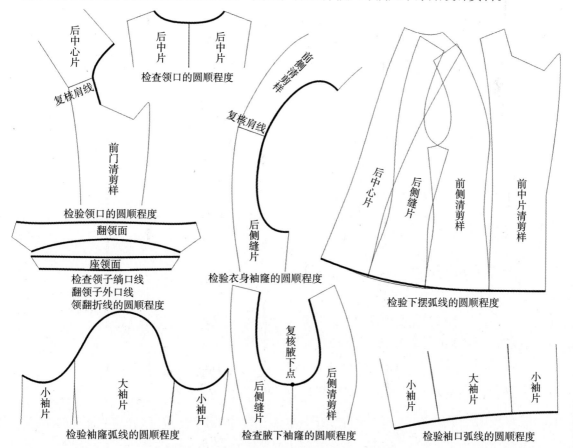

图 2-9　戗驳头公主线结构西服——裁片复核

2. 对各缝合线的复核

服装各部件的相互衔接关系，需要在纸样制作好后，检查袖窿弧线及领口弧线是否圆顺；检查服装下摆和袖口弧线是否圆顺；检查袖山弧线和袖窿弧线长度差值；检查领口弧线和绱领口弧线长度是否相等；检查衣身前后侧缝长度、袖缝长度是否相等。不同衣片缝合时根据款式的造型要求，会做等长或不等长处理。对于要求缝合线等长的情况，净样板完成后，必须对缝合线进行复核，保证需要缝合的两条缝合线完全相等。对于不等长的情况，必须保证两条缝合线的长度差与结构设计时所要求的吃势量、省量、褶量或其他造型方式的需求量吻合，以达到所要求的造型效果。

3. 对位记号的复核

制板完成后为了指导后续工作必须在样板上进行必要的标示，这些标示包括对位记号、丝缕方向、面料毛向、样板名称及数量等。

（1）袖窿对位点（后袖窿对位点、前袖窿对位点、袖山点、腋下点、开衩止点、纽扣位置）。

（2）衣身对位点（胸围线、腰围线、臀围线、袖肘线等，如前身的纸样在省道、前中心线、驳口线、翻折点贴边位置）。

（3）驳头绱领止点。

（4）领口对位点（1个后颈点、2个侧颈点）。

4. 样板数量的确定

服装款式多种多样，但无论繁简，服装往往都由多个衣片组成。因此在样板完成后，需核对服装各裁片的样板是否完整，并对其进行统一的编号，不能有遗漏，以保证成衣的正常生产。

第三节 戗驳头公主线结构西服工业制板

在绘制服装结构制图时并不是单纯地绘制服装结构图，而是把服装款式、服装材料、服装工艺三者进行融会贯通，只有这样，才能使最后的成品服装既符合设计者的意图，又能保持服装制作的可行性。基础纸样是以设计效果图为基础制作的纸样，通过平面作图法和立体裁剪法，或者平面作图与立体裁剪相结合的方法而制成，用该纸样裁剪和缝合后，再去重新确认设计效果。

一、工业用纸样的条件

（1）能够适应消费者穿着的尺寸及相应的体型。

（2）纸样的形状要适应材料本身的特性。

（3）不能产生错误缝制。

（4）应是高效率的。

（5）必要的纸样一应俱全。

（6）可对领面、贴边、必要的外形尺寸、材料的长度等进行纸样操作。

（7）适应市场价格的用料量，可低成本制作的款式。

（8）适合设计、材料、缝制方式的缝份宽度以及对位记号等。

二、本款女西服工业板的制作

本款女西服工业板的制作，如图 2-10 ～图 2-12 所示。

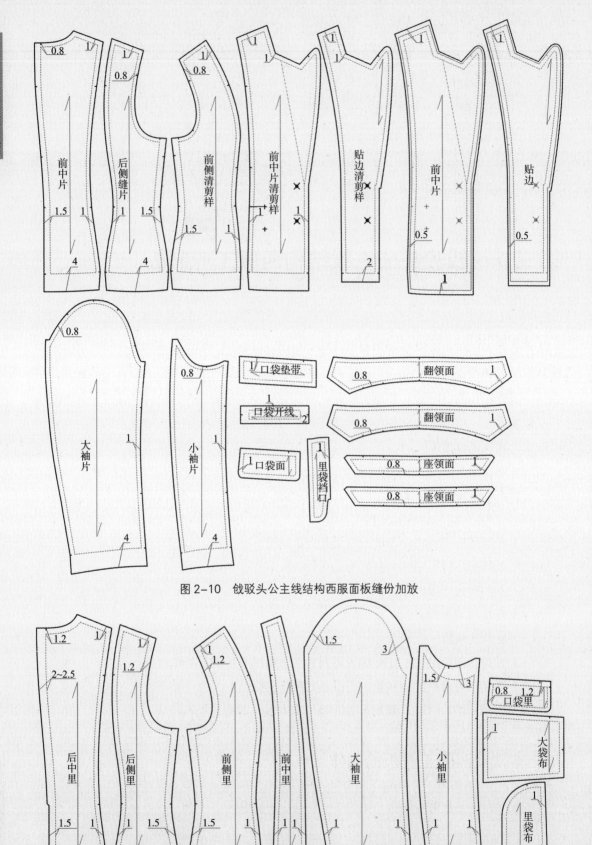

图 2-10　戗驳头公主线结构西服面板缝份加放

图 2-11　戗驳头公主线结构西服里板缝份加放

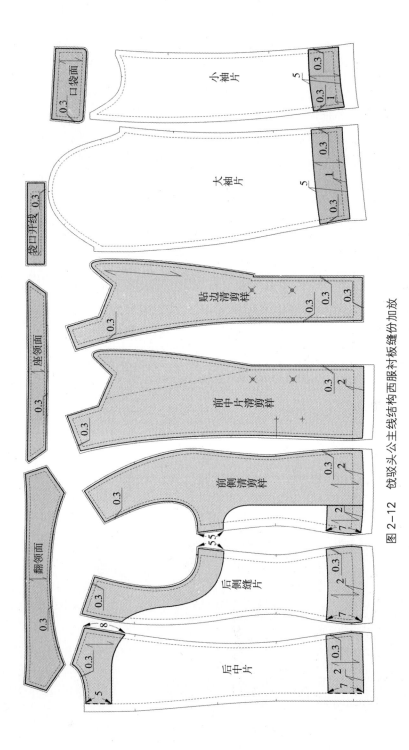

图 2-12 戗驳头公主线结构西服衬板缝份加放

口袋面 0.3

小袖片 0.3 5 0.3 1

大袖片 0.3 5 1 0.3

袋口牙线 0.3

贴边清剪样 0.3 0.3 0.3

座领面 0.3

前中片清剪样 0.3 0.3 2

前侧清剪样 0.3 0.3 2 2 7

翻领面 0.3

55

后侧缝片 0.3 0.3 0.3 2 2 7

8 0.3 5

后中片 0.3 2 0.3 2 7

三、本款女西服工业样板

本款女西服工业样板示意图，如图 2-13 ～图 2-16 所示。

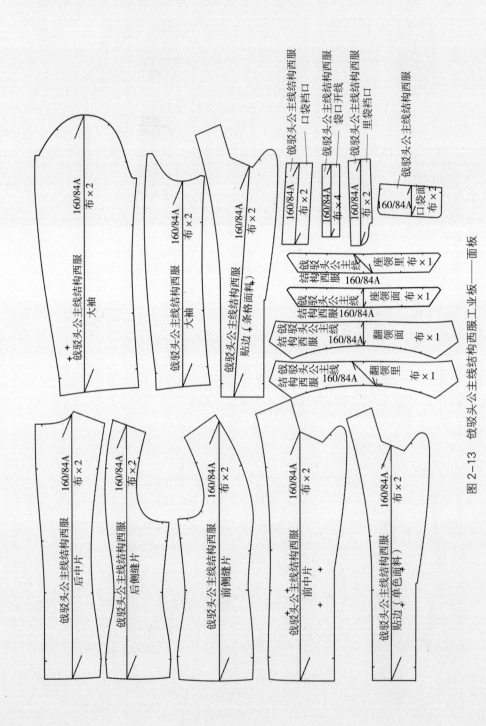

图 2-13　戗驳头公主线结构西服工业板——面板

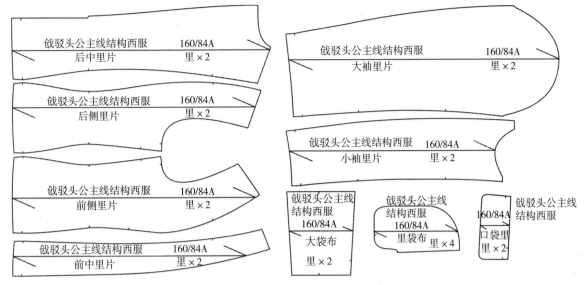

图 2-14 戗驳头公主线结构西服工业板——里板

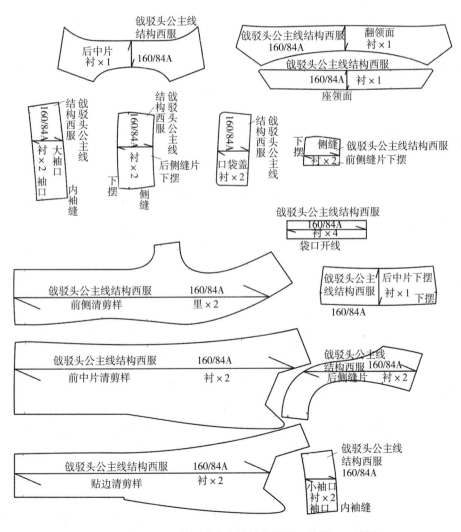

图 2-15 戗驳头公主线结构西服工业板——衬板

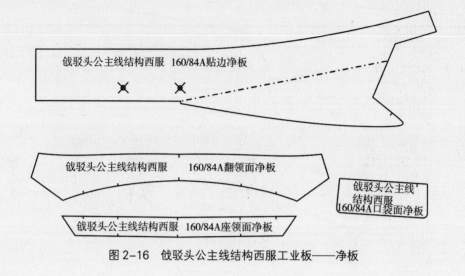

戗驳头公主线结构西服　160/84A贴边净板

戗驳头公主线结构西服　160/84A翻领面净板

戗驳头公主线结构西服
160/84A口袋面净板

戗驳头公主线结构西服　160/84A座领面净板

图 2-16　戗驳头公主线结构西服工业板——净板

本章小结

1. 制图过程中，制图线和所用符号必须按照标准制图要求正确画出，标注清晰，通俗易懂，此点也是制图的重点。

2. 制板是服装工业化生产中的一个重要技术环节。制板即打制服装工业样板，是将设计师或客户所要求的立体服装款式根据一定的数据、公式或通过立体构成的方法分解为平面的服装结构图形，并结合服装工艺要求加放缝份等制作成纸型。

思考题

1. 结合所学的西服结构原理和技巧设计绘制不同款式西服。

2. 绘制全套工业样板。

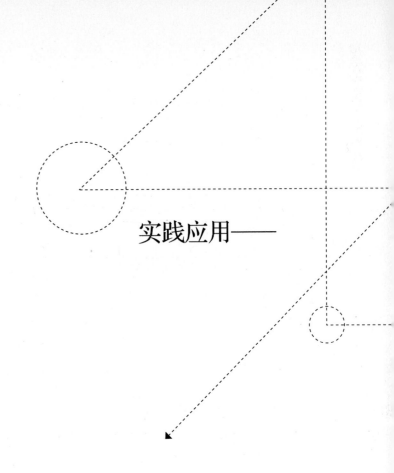

实践应用——

服装裁剪工艺

课题名称：服装裁剪工艺

课题内容：服装的排料、画样、铺料及裁剪工艺

课题时间：6 课时

教学目的：掌握排料、画样及裁剪的方法，并独立完成。

教学方式：讲授及实践

教学要求：1. 了解排料、画样的要点。

2. 掌握裁剪方法，并熟练运用。

3. 根据所学知识完成不同款式服西服的排料、画样及裁剪
工作。

课前（后）准备：西服纸样、划粉、直尺、剪刀及所选面料。

第三章　服装裁剪工艺

　　裁剪工序是服装生产中的关键工序，裁剪质量的好坏直接影响其他工序是否能够顺利进行，在整个生产过程中，具有承上启下的作用。裁剪工序主要包括面辅料的排料划样、铺料、裁剪及黏衬几大环节，每一环节都至关重要，每一环节都会影响最终成衣效果，正确的裁剪方案的制订和实施成为完成裁剪工艺的重要前提及向导。

第一节　排料画样

一、排料的原则及方法

　　服装排料也称排板、排唛架、划皮、套料等，是指将服装各规格的所有衣片板样在规定的面料幅宽内合理排放的过程，即将板样依工艺要求（正反面，倒顺向，对条、对格等）形成能紧密啮合的不同形状的排列组合，从而经济地使用布料，达到降低产品成本的目的。

　　排料的最终目的是使面料的利用率达到最高，以降低产品成本，同时给铺料、裁剪等工序提供可行的依据，是进行铺料和裁剪的重要前提。

（一）排料的原则

　　排料是一项技术性较强的工作，服装厂内都有专人负责，一般是技术科的排料员先进行1∶10的缩图排料，核定每件服装的用料，然后由裁剪车间的排料员根据1∶10的缩图进行1∶1的实样排料，在保证质量的前提下，尽量省料，其原则如下：

1. 保证质量，符合工艺要求

　　（1）丝缕正直：在排料时要严格按照技术要求，认真注意丝缕的正直。绝不允许为了省料而自行改变丝缕方向，当然在规定的技术标准内允许有事实上的误差，但决不能把直丝变成横丝或斜丝，这些都要经过技术部门确定后，才能改变。因为丝缕是否正直，直接关系到成形后的衣服是否平整挺括，穿着是否舒适美观等质量问题。

（2）确定面料方向：服装面料有正反面之分，且服装上许多衣片都是左右对称，因此排料要结合铺料方式（单向、双向），即要保证面料正反一致，又要保证衣片的对称，注意不要搞错。

（3）对条对格：有倒顺毛、倒顺图案的面料在进行排版时须特别注意，否则会直接影响服装最终的外形效果。

① 对条对格处理：对条对格的方法可分为两种：一种是准确对格法（用钉子）；另一种是放格法。准确对格法是在排料时，将需要对条、对格的两个部件按对格要求准确地排好位置，画样时将条格划准，保证缝制组合时对正条格。采用这种方法排料，要求铺料时必须采用定位挂针铺料，以保证各层面料条格对准，而且相组合的部位应尽量排在同一条格方向，以避免由于原料条格不均而影响对格。放格法是在排料时，不按原形画样，而将样板适当放大，留出余量。裁剪时应按放大后的毛样进行开裁，待裁下毛坯后再逐层按对格要求划好净样，剪出裁片。这种方法比第一种方法更准确，铺料也可以不使用定位挂针，但不能一次裁剪成形，比较费工，也比较费料，在高档服装排料时多用这种方法。

② 倒顺毛面料：表面起毛或起绒的面料，沿经向毛绒的排列就具有方向性。如灯芯绒面料一般应倒毛做，使成衣颜色偏深；粗纺类毛呢面料，如大衣呢、花呢、绒类面料，为防止明暗光线反光不一致，并且不易粘灰尘、起球，一般应顺毛做，因此排料时都要顺排。

③ 倒顺花、倒顺图案：这些面料的图案有方向性，如花草树木、建筑物、动物等，不是四方连续，若面料方向放错了，就会头脚倒置。

（4）避免色差：布料在印、染、整理过程中，可能存有色差，进口面料质量较好，色差较少，而国产面料色差往往较严重。原料色差包括同色号中各匹料之间的色差；同匹原料左、中、右（布幅两边与中间）之间色差，也称边色差；前、中、后各段的色差，也称段色差；素色原料的正反面色差。通常一件服装的排料基本上是排在一起的，所谓的要避免色差，主要是指边色差。一般情况是布幅两边颜色稍深，而中间稍浅，其原因是布料两边稍厚，卷布时染料容易被轧辊压入纤维内部。当服装有对色要求时，那么上衣就要求破侧缝，这样在侧缝处、门襟处就不会有色差，成连缝过渡；而裤子就要求破栋缝，即侧缝、门襟、栋缝在同一经向上。另外，重要部位的裁片应放在中间，因为中间大部分地区往往色差不严重，色差主要在布边几十厘米的地方。有段色差的面料，排料时应将相组合的部件尽可能排在同一纬向上，同件衣服的各片，排列时不应前后间隔太大，距离越大，色差程度就会越大。

（5）核对样板数量，避免遗漏：要严格按对样板及面辅料数量进行检查，避免遗漏对后序制作工序造成影响。

2. 节约用料

排料的重要目的就是节约用料，降低制作成本。在保证设计和制作工艺要求的前提下，尽量减少面料的用量是排料时应遵循的重要原则，也是工业化批量生产用料的最大特点。

服装的最终成本，很大程度上取决于面料的用量，因此如何通过排料找出一种用料最省的样板排放形式，很大程度要靠经验和技巧。根据经验，以下几种方法是在实践操作过程中反复试验所得出的最为之有效的方法。

（1）先大后小：排料时，先将主要部件较大的样板排好，然后再把零部件较小的样板在大片样板的间隙中及剩余地方进行排列，这样能充分利用各大样板之间的空隙，减少废料。

（2）套排紧密：要讲究排料艺术，注意排料布局，根据衣片和零部件的不同形状和角度，采用平对平、斜对斜、凹对凸的方法进行合理套排，并使两头排齐，减少空隙，充分提高原料的利用率。

（3）缺口合并：有的样板具有凹状缺口，但不能紧密套排的时候，可将两片样板的缺口合并，以增大其他缺口的空隙，这样剩余空隙内便可排入较小的衣片样板。例如：前后衣片的袖窿合在一起，就可以裁一只口袋，如分开，则变成较小的两块，可能毫无用处。缺口合并的目的是将碎料合并在一起，可以用来裁剪零料等小片样板，提高原料的利用率。

（4）大小搭配：当同一裁床上要排几件时，应将大小不同规格的样板相互搭配，如有S、M、L、XL、XXL五只规格，在件数相同的情况下，一般采用以L码为中间码，M与XL搭配排料，S与XXL搭配。原因是一方面技术部门用中间号来核料，其他二种搭配用料基本同中间号，这样有利于裁剪车间核料，控制用料；另一方面，大配小，如同凹对凸一样，一般都有利于节约成本。

同时，排料时还应注意排料总图最好比上下各边进1～1.5cm为宜，这样既可以防止排出的裁剪图比面料宽，又可避免布边太厚而造成裁出的衣片不准确。

（二）排料的方法

（1）检查整套纸样与生产样板是否相同，检查纸样的数量是否相同。

（2）检查面料门幅。

（3）取出排料纸张，用笔画出与对应布边的纸边垂直的布线头，然后画出排料的宽度线。

（4）先放最大或最长的纸样在排料纸上，剩余空间穿插放大小适合的纸样，并注意纸样上的丝缕方向。

（5）在排料结束时，各纸样尽量齐口，然后画上与布边垂直的结尾线。

（6）重复检查排料图，不能有任何纸样遗漏。

（7）在排料纸的一端写上款号、幅宽、尺码、丝缕方向等相关数据，若在服装厂内，还需要标明排料长度、利用率等有关数据。

这样一套完整的排料步骤就已完成，若在工业生产过程中，通常服装厂内排料员在完成排料后还需上级主管及品管人员复核。在遵循以上排料原则及排料方法的同时，在具体实施过程中还需特别注意以下几点：

① 衣片对称：服装的衣袖、左右前片等都是对称式的，因此，在制作裁剪样板时，可先绘制出一片样板，排料时要特别注意样板的正反使用。若在同一层衣料上裁取衣片，则要将样板正反各排一次，使裁出的衣片为一左一右的对称衣片，避免"一顺"现象，如图 3-1 所示。

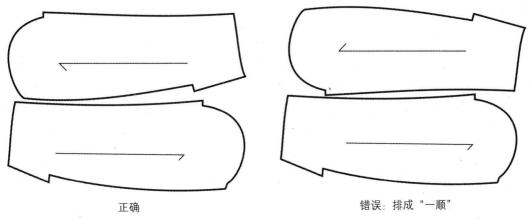

正确　　　　　　　　　　　　　　错误：排成"一顺"

图 3-1　对称衣片的排料

② 适当标记：在排料图上，每一块样板都应该有其所属的服装标识，如尺码、款号、样板名称、丝缕方向等标记。

③ 避免色差：布料在印、染、整理过程中，往往会存在一些色差，如最常出现的边色差。前文已详细叙述避免色差的方法，故此不赘述。

④ 经纬纱向要求：面料有经纬纱向之分，经向、纬向、斜向都有其各自独特的性能，直接影响服装的结构及面料表面的造型，所以在排料时应特别注意面料纱向，尤其是西服对面料纱向更有严格要求，如表 3-1 所示，为女西服上衣制作过程中对经纬纱向的技术要求。

表 3-1　女西服经纬纱向技术要求

部位名称	经纬纱向要求
前身	经纱以领口宽线为准，不允许倾斜
后身	经纱以腰节下背中线为准，倾斜不大于0.5cm，条格不允许倾斜
袖子	经纱以前袖缝为准，大袖倾斜不大于1cm，小袖倾斜不大于1.5cm，条格面料袖口处向前不允许倾斜
领面	纬纱倾斜不大于0.5cm，条格不允许倾斜
袋盖	与大身纱向一致，斜料左右对称
贴边	以驳头止口处经纱为准，不允许倾斜

在西服制作过程中，针对有明显花型或条格图案时，对纱向要求更高，理论上不允许纱向有所偏斜，其具体要求如表 3-2 所示。

表3-2 女西服上衣对条对格规定

部位名称	对条对格规定
左右前身	条格顺直,格料对横,互差不大于0.3cm
袋与前身	条料对条、格料对格,互差不大于0.3cm
袖与前身	格料对横互差不大于0.5cm
袖子缝	袖肘线以下,前后袖缝格料对横互差不大于0.3cm
背缝	条料对称,格料对横互差不大于0.2cm
背缝与后劲面	条料对条互差不大于0.2cm
摆缝	袖窿以下10cm,格料对横,互差不大于0.3cm
领子、驳头	条格左右互差不大于0.2cm

最后,根据以上所述排料的方法及要求具体进行排料,在大型服装厂内多为电脑操作,方便快捷,待排料完成后直接进行 1 : 1 打印,从而得到所需纸样,再根据纸样进行面料裁剪,如图 3-2 ~图 3-5 所示为本款戗驳头公主线结构女西服的排料图。

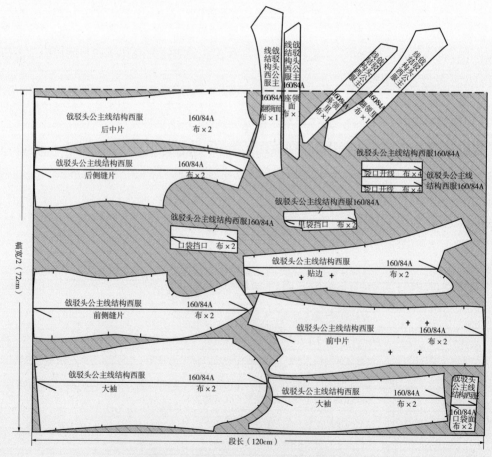

图 3-2 戗驳头公主线结构西服面板排料

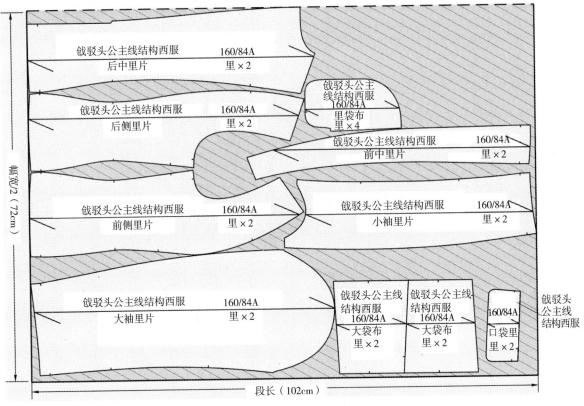

图 3-3　戗驳头公主线结构西服里板排料

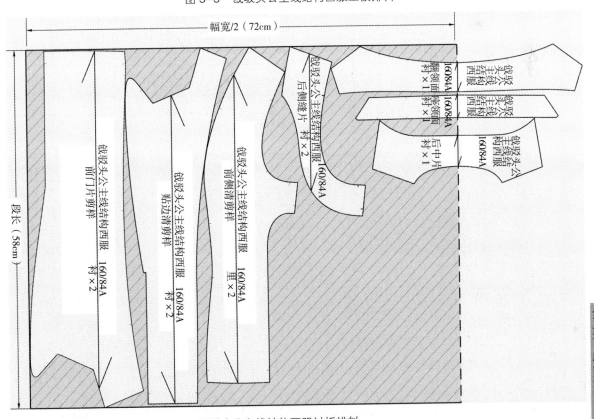

图 3-4　戗驳头公主线结构西服衬板排料

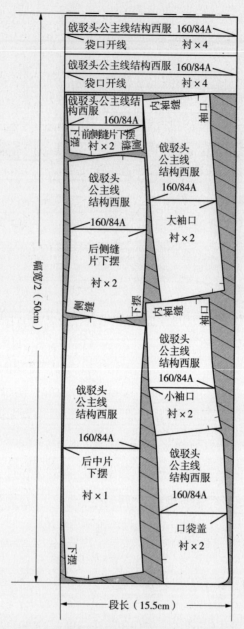

图3-5 戗驳头公主线结构西服无纺衬排料

二、画样的方法

排料完成后可进行画样工作，即在纸上或布料上做记号，以此作为辅料裁剪的依据。

1. 画样要求

（1）线条清晰：画线不能模模糊糊，特别是交叉点，更要明晰，如有画错或改变部位的画线，一定要将其擦去重划，或另做明显标记，以防裁错。总之，线条要清晰、连续、顺直、无双轨线迹。

（2）画线准确：画样过程中的各种线条，如横线、直线、斜线、弯曲线、圆弧线等，必须画细、画准，不得歪斜或粗细不匀，以免影响裁片的规格质量；特别是对松软的面料或弹性较好的面料，更要注意画线的准确性，防止走样变形，达不到原样要求。

（3）画具要好：面料不同所选择画具各不相同。直接画样时，质地轻薄、颜色较浅、纱支较细的面料（如衬衫料）可用铅笔；面料厚宽、颜色较深的套装料可用白铅笔或滑石片画样；厚重、色深、毛呢料的可用画粉；薄纸画样可用铅笔。画具颜色既要明显，又要防止污染衣料，不宜用大红、大绿等颜色画样，以免渗色，尤其忌用圆珠笔等极易污染衣料的画具。总之，画具要削细、削尖，保持画线匀细、清晰。

（4）做好记号：一般对于各种规格的套裁，必须在画样时做好记号，严防出错，影响质量。

至此，裁剪车间的排料员工作基本结束，根据分床方案及排料画样情况还要开出裁剪通知单，作为裁剪工人铺料时的依据。

2. 操作方法

（1）纸皮画样：利用样板在一张与面料幅宽相同的薄纸上画样，然后将纸直接放在布料上开裁。此方法适用丝绸等薄料子裁剪，可防止面料污染。

（2）面料画样：又称画皮，直接在面料上按样板排料画样，按线开裁。此法较易污染衣料，不适于薄料子（容易透出正面），多用于颜色较深的原料或需对条对格的面料。

（3）漏板画样：即先在平挺、光滑、耐用不缩的纸板上，按照衣料的幅宽，在上面排料画样，再准确地打成等距离钻孔的连线，再将漏板覆在衣料的表层上，经刷粉漏出衣料裁片的画样，作为开裁的依据。其特点是速度快、效率高、可多次重复使用，特别适用于大批量生产和多次翻单的产品，缺点是不如直接画样清晰，缝纫时可能会断针等。

（4）计算机画样：用计算机排料画样，直接放在面料上按图开裁。

第二节　铺料

一、面料整理

一般情况下，布料会因储存等各方面原因产生布纹不正。因此，不宜直接用于制作，以避免因熨斗蒸汽温度的变化，或洗涤抽缩及穿着而产生走形等现象，这样的布料整理过程称为整烫。

（一）纠正布纹

首先，确认布边是否抽缩，若有抽缩现象，可斜向稍打剪口后拉伸，确认横向的裁剪边缘是否为一根贯通的纬向纱。若不是，找到一根贯通的纬向纱后用剪刀剪齐，让竖线和横线分别达到垂直、水平，再用双手把布料向想改正的方向拉伸，纠正布料上所有的歪斜。然后，在烫台上把布纹调整正确，用大头针固定，再用适当温度的熨斗压烫整理，使布纹横平竖直。

（二）预缩

也称缩绒，即预先利用湿气和热量使要收缩的部分收缩，为了不损伤布料原有手感，应选择适合材料的方法，先在布头上做试验，再正式操作为好。预缩的常用方法主要包括以下几种：

1. 干烫

不加水分，从背面熨烫，适用于经过防缩加工的布、丝和合成纤维。

2. 使用蒸汽熨斗

适用于毛织品及以毛为主的纺织品。

3. 真空熨烫平台

带有供给蒸汽，同时可去除水分装置的熨烫平台，几乎适用于一切材料。

4. 浸水后弄干，再用蒸汽熨斗熨烫，适用于棉、毛衬等

二、铺料的工艺技术要求

1. 布面平整

铺料时，必须使每层面料都十分平整，布面不能有折皱、波纹、歪扭等情况。若面料铺不平整，裁剪出的衣片与样板就会有较大误差，这势必会给缝制造成困难，而且还会影响成衣效果。

面料本身的特性是影响布面平整的主要因素，例如，表面具有绒毛的面料，由于面料之间摩擦力过大，接触时不易产生滑动，因此，铺平面料比较困难。相反，有些轻薄面料表面十分光滑，面料之间摩擦力太小，缺乏稳定性，也难于铺平整。再如有些组织密度很大，或表面具有涂料的面料，其透气性能差，铺料时面料之间积留的空气会使面料鼓胀，造成表面不平。因此，了解各种面料的特性，在铺料时采取相应措施，精心操作是十分重要的，而对于本身有折皱的一些面料，铺料前还需经过必要的整理手段，清除面料本身的折皱。

2. 布边对齐

铺料时，要使每层面料的布边都上下垂直对齐，不能有参差错落的情况。如果布边不齐，裁剪时会使靠边的衣片不完整，造成裁剪废品。

面料的幅宽总有一定的误差，要使面料两边都能很好地对齐是比较困难的，因此，铺料时要以面料的一侧为基准，通常称为"里口"，要保证里口布边上下对齐，最大误差不能超过 ±1mm。

3. 减少张力

要把成匹面料铺开，同时还要使表面平整，布边对齐，必然要对面料施加一定的作用力而使面料产生一定张力。由于张力的作用，面料会产生伸长变形，特别是伸缩率大的面料更为显著，这将会影响裁剪的精剪度，因为面料在拉伸变形状态下剪出的衣片，经过一段时间，还会回复原状，使得衣片尺寸缩小，不能保持样板的尺寸，因此铺料时要尽量减少对面料施加的压力，防止面料的拉伸变形。

卷装面料本身具有一定的张力，如直接进行铺料也会产生伸长变形。因此卷装面料铺料前，应先将面料散置，使其在松弛状态下放置 24 小时，然后进行铺料。

4. 方向一致

对于有方向性的面料，铺料时应使各层面料保持同一方向铺放。

5. 对正条格

对于具有条格的面料，为了达到服装缝制时对条对格的要求，铺料时应使每层面料的条格上下对正。要把每层面料的条格全部对准是不容易的，因此，铺料时要与排料工序相配合，对需要对格的关键部位使用定位挂针，把这些关键部位条格对准。

6. 铺料长度要准确

铺料的长度要以画样为依据，原则上应与排料图的长度一致。铺料长度不够，将造成裁剪部件不完整，给生产造成严重后果；铺料长度过长，会造成面料浪费，抵消了排料工序努力节省的成果。为了保证铺料长度，又不造成浪费，铺料时应使面料长于排料图

0.5～1cm。此外，还应注意铺料与裁剪两工序相隔时间不要太长，如果相隔时间过长，由于面料的回缩，也会造成铺料长度不准。

三、铺料方法

铺料前先应识别布面，包括区分正反面，只有正确地掌握面料的正反面和方向性，才能按工艺要求正确地进行铺料。以下为生产中铺料的几种常用方式。

1. 单向铺料

这种铺料方式是将各层面料的正面全部朝向一个方向，一般多朝上，其特点是各层面料的方向一致。用这种方式铺料，面料只能沿一个方向展开，每层之间面料要剪开，因此，工作效率较低。

2. 双向铺料

这种铺料方式是将面料一正一反交替展开，形成各层之间面与面相对、里与里相对。用这种方式铺料，面料可以沿两个方向连续展开，每层之间也不必剪开，因此工作效率比单向铺料高。这种方式的特点是各层面料的方向是相反的，在铺料时应注意这一因素，避免裁出的裁片正反有误。

3. 对折铺料

将布料对折，对齐两边，正面向里进行铺料。对折铺料仅适用于双幅（宽幅）毛料，以确保衣片条格的对称性。对折铺料效率低，面料利用率低，但对条对格准确，常用于男女西服等高档服装的铺料。

在生产中，应根据面料的特点和服装制作的要求来确定铺料方式。例如，素色平纹织物，布面本身不具方向性，正反面也无显著区别，此类面料可以采用双向铺料方式，操作简单，效率高。有些面料虽然分正反面，但无方向性，也可以采用双向铺料方式。这时可利用每相邻的两层面料组成一件服装，由于两层面料是相对的，自然形成两片衣片的左右对称，因此，排料时可以不考虑左右衣片的对称问题，使排料更为灵活，有利于提高面料的利用率。如果面料本身具有方向性，为使每件衣服的用料方向一致，铺料时就应采取单向铺料方式，以保证面料方向一致。缝制时要对格的产品，铺料时也要对格，并要采取单向铺料，否则就不能做到对格。

第三节　裁剪

一、裁剪的工艺要求

所谓裁剪是按照排料图上衣片的轮廓用裁剪设备将铺放在裁床上的面料裁成衣片的过程。在整个服装生产过程中，裁剪是一项非常重要的基础性工作，也直接影响到成衣品质的关键。若裁剪质量较差，无法较好的按样板成形，不但会直接影响缝制工序，甚至会造成面料的多余损耗，影响生产成本，所以在加工过程中对裁剪工艺必须有一定的技术要求。

（一）掌握裁剪要领，保障裁剪精度

1. 先小后大

在日常裁剪操作过程中，许多初学者常习惯先裁剪大衣片后再处理小衣片，这样往往造成在后面的裁剪过程中，由于剩余面料较小不好把握，进而影响裁剪精度。故裁剪时，应先裁较小衣片，后裁较大衣片，以减少给裁剪带来的困难。

2. 刀不拐角

裁剪到拐角处，应从两个方向分别进刀至拐角处，而不应直接拐角，以保证拐角处精确度。

3. 避免错动

裁剪时为减少误差，压扶面料时用力需谨慎，过大或过小都会造成裁剪过程中面料的错动，促使衣片之间形成裁剪误差。除此之外，用力时勿向四周用力，尤其是有弹性面料，会影响织物的经纬纱向导致裁剪误差。

4. 剪口准确

缝制时为了准确确定衣片之间的相互配合位置，裁剪时要打剪口作标记。剪口位置是按样板要求确定的，一般为 2 ~ 3mm。

（二）注意裁刀温度对裁剪质量的影响

在工业裁剪中由于面料层数较多及工作效率的要求，多采用高速电剪一起裁剪，裁剪过程中由于裁刀与面料之间因剧烈摩擦会产生大量的热量，使裁刀温度升高。对于耐热性差的面料，衣片边缘会出现变色发焦或粘连现象，从而影响裁剪质量，因此，裁剪时控制裁刀温度是非常重要的。对于耐热性差的面料，可使用速度较低的裁剪设备，同时适当减少铺布层数，或者间歇地进行操作，使裁刀温度能够散发出去。

针对单件单裁，由于裁剪面料层数较少且裁剪速度较慢不会存在以上现象。

二、裁剪的注意事项

裁剪是成衣缝制的第一个过程，也是整个加工过程中的一道重要工序，若裁剪质量不佳，将会直接影响后道工序的进行。作为裁剪者，必须详细了解服装技术知识和服装原理，熟悉衣片的组合关系和服装质量的相关标准，更要在掌握裁剪工艺要求的基础上，熟知裁剪的相关注意事项，只有这样才能最大限度减少裁剪误差，降低成本损耗。

（1）裁剪前，检查被测量者体型特征的相关数据和所记录各测量尺寸是否合理，有无遗漏。

（2）核对样板及衣料数量，布料幅宽尺码，所用面料有无破损、污渍以及面料的花色、纹理和面料正反。

① 花色情况：常用的女士西服面料中多有条纹及格子等图案，此类面料在裁剪时必须特别注意衣片图案的对称情况，左右两衣身、领角及戗驳头、两口袋与袋盖、两袖子及以后中心线为对称轴的左右两衣片图案都应对称，衔接恰当。

② 面料正反：任何一种面料都有正反之分，且面料两面质感也各不相同，面料正反的合理选择将直接影响成衣外观效果。通常情况下，一般织物正面纹路色泽比反面清晰，尤其是条纹或格子图案；单面起毛面料的起毛绒一面为正面，双面起毛面料的光洁、整齐绒毛一面为正面；观察布边，布边整洁的一面为织物正面；双层或多层面料，织物两面经纬度不同时，密度较大且纹理清晰一面为正面。

（3）裁剪时，应根据面料颜色使用画粉。画粉颜色一定要浅于面料本色且易清除。除指定画粉外，有时也可使用薄且尖角肥皂片画样，在深色面料上画线，线条清晰且易消除。

（4）裁剪铺料时，应确保定位孔位置、丝缕方向及剪口位置准确，以免造成裁剪误差。

（5）色差、瑕疵点在工艺要求允许的范围内。

本章小结

1. 服装排料也称排版、排唛架、划皮、套料等，是指将服装各规格的所有衣片样板在规定的面料幅宽内合理排放的过程，即将样板依工艺要求（正反面，倒顺向，对条、对格等）形成能紧密啮合的不同形状的排列组合，从而经济地使用布料，达到降低产品成本的目的。

2. 排料的重要目的就是节约用料，降低制作成本，在保证设计和制作工艺要求的前提下，尽量减少面料的用量是排料时应遵循的重要原则，在具体排料过程中还要注意衣片对称、适当标记、避免色差并注意面料本身的经纬纱向要求。

3. 铺料的工艺技术要求主要包括布面平整、布边对齐、减少张力、方向一致、对正条格和铺料长度要准确六个方面。

4. 为取得良好的裁剪效果，确保裁剪精度，裁剪时应遵循先小后大、刀不拐角、避免错动、剪口准确四点。

思考题

1. 试述铺料的工艺要求和方法？
2. 排料画样的目的、原则和方法分别是什么？
3. 裁剪的工艺要求是什么？

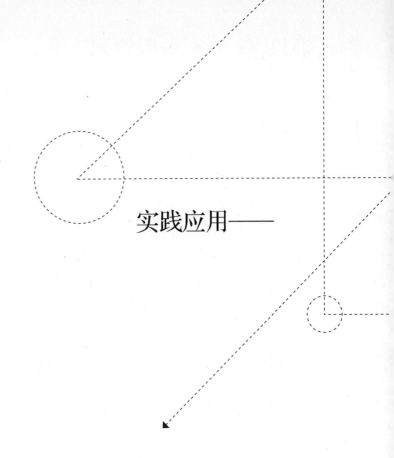

实践应用——

女西服缝制工艺

课题名称：女西服缝制工艺

课题内容：缝制工艺流程、缝制工序

课题时间：84课时

教学目的：掌握女西服制作工艺流程、熨烫方法，独立完成女西服的制作。

教学方式：讲授与实践

教学要求：1. 能独立制作完成一件女西服上衣。

2. 掌握制作过程中的重点与难点，触类旁通。

课前（后）准备：

1. 面料的准备：包括前片、后片、大袖片、小袖片、领底、贴边、袋盖面等。

2. 里料的准备：包括前片、后片、大袖片、小袖片、大袋布料、里怀袋布料、斜丝布条等。

3. 衬料的准备：包括有纺衬、无纺衬、嵌线条等。

4. 其他：缝纫线、垫肩等。

第四章　女西服缝制工艺

第一节　缝制工艺流程

一、缝制工序制订

服装缝制工序是服装生产过程中的一个重要环节，是后续生产工艺流程环节的基础和指导，更是服装缝制车间工艺编排的理论依据。工序是构成作业系列分工上的单元，它既是组成生产过程的基本环节，也是产品质量检验、制订工时定额和组织生产过程的基本单元。服装专业工艺图示符号作为缝制工序制订的构成元素，将文字说明用简单明了的符号代替，一目了然，便于操作，贯穿于成衣生产的全部过程中，在工业化服装流水线生产占有重要作用，更便于国际间技术交流，如表4-1、表4-2所示，分别为工序分析的表达方法及缝制用符号。

表4-1　工艺图示符号表

符号	说明
▽	裁片或半成品停滞
□	数量检验
◇	质量检验
△	完成

表4-2　缝制用符号

符号	说明	符号	说明
○	平缝作业	P	黏衬作业
●	黏衬	I	熨烫作业
◎	手工作业或手工熨烫	H	手工作业
●	特殊机种	T	特殊机种作业

加工工序的图示方法，如图4-1所示。

注意事项：

（1）工艺流程示意图是由基本线和分线组成，基本线为工艺流程图的主干线，一般以成衣的主要部件为主体而形成，如上衣的前片加工、裤子的前片加工等，分支线则由非主要部件组成。基本线和分支线的起始点必须由前面没有任何加工的初始工序开始，例如以服装的前片加工为基本线。

（2）工艺流程示意图的编排必须依据测定工序时间为序，顺次排列工序。

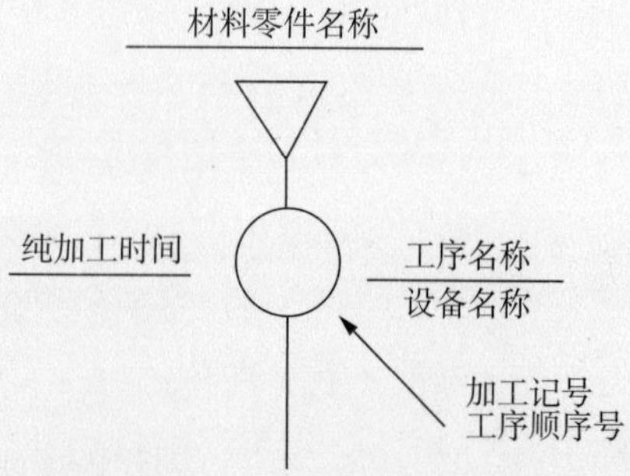

（3）工艺流程示意图中必须注明所需设备和工艺装备，缝制符号标注即可。

图4-1　加工工序图示方法

二、戗驳头公主线结构西服工艺流程图

戗驳头公主线结构西服工艺流程图，如图4-2所示。

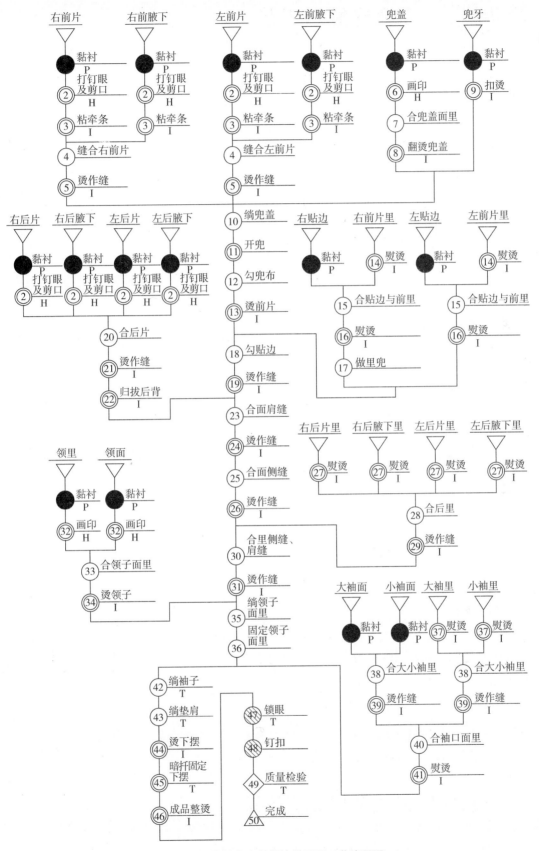

图 4-2 戗驳头公主线结构西服工艺流程图

第二节　缝制工序

一、整理裁片、黏衬

（一）整理裁片

缝制工作开始前，首先应对裁片进行整理、复核，以保证后续生产的顺利进行。裁片整理主要包括对所有裁片的数量检查以及质量检验，其中数量检查包括对面料、里料、辅料的数量进行核查，避免遗漏。质量检验包括裁片与样板大小是否一致，裁片纱向是否符合标准，剪口、钉眼是否准确。以下是此次所需要的裁片名称及数量，如表 4-3 ～表 4-6 所示。

表 4-3　女西服上衣面料部件

名称	前中片	前侧片	后片	后侧片	贴边	大袖片	小袖片	翻领面	座领面	翻领里	座领里	大袋盖	后托领	大袋牙	大袋挡口	里袋挡口
数量	2	2	2	2	2	2	2	1	1	1	1	2	1	2	2	1

表 4-4　女西服上衣里料部件

名称	前中片里	前侧里	后背里	后侧里	大袖里	小袖里	大袋布	里袋布
数量	2	2	2	2	2	2	2	1

表 4-5　女西服上衣有纺衬部件

名称	前中衬	贴边衬	前侧衬	后领窝衬	后侧腋下衬	翻领面衬	座领面衬
数量	2	2	2	1	2	1	1

表 4-6　女西服上衣无纺衬部件

名称	前侧下摆衬	后侧下摆衬	后背下摆衬	大袖头衬	小袖头衬	大袋盖衬	大袋牙衬	开袋位垫衬
数量	2	2	1	2	2	2	2	2

（二）黏衬

1. 黏合方法

在工业生产过程中，根据黏合部位的不同有纺衬主要包括机器黏合和手工熨烫黏合两大黏合方法，如图4-3所示。通常在进行机器黏合前，应将衬料有胶粒一面与面料的反面对正，先用熨斗"点黏"，再进行机器黏合。点黏的目的就是使衬料与面料保持样板设计时的位置关系，并可以避免在过机时出现机卷、翘、跑的现象。前中片、贴边、前侧片、翻领面、座领面部位需要经过黏合机黏合。为保证黏衬后裁片的稳定性，黏合后的裁片要平放晾置12～24小时后再进行裁片清剪。

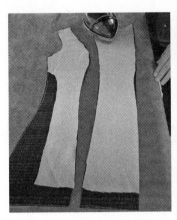
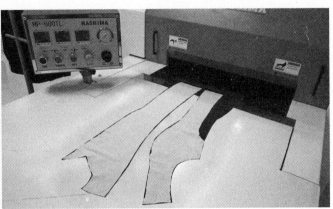

图4-3　点黏与机器黏合

其他部位有纺衬的黏合方法与无纺衬的黏合方法一致，用熨斗黏合即可，但需保证黏合的温度、时间和压力。既不能黏不牢，也不能使黏合温度过高或时间过长，否则会导致胶粒老化，出现起泡、焦黄等现象。

2. 黏合部位

根据制板设计的黏衬部位及黏衬规格，进行不同衬料的黏合，主要黏合部位如图4-4所示。

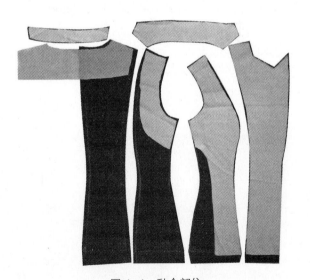

图4-4　黏合部位

二、衣片缝合步骤与方法

为提高生产效率，单件服装加工生产中（非流水作业）工艺相同的工序尽量安排在一起完成。如缝合时，将各个需要缝合的衣片集中起来缝合，然后统一整烫，这样可以提高工作效率及制作质量。在工业生产中，为提高产量，保证质量，加工工序要细化，需一直拆分到不可再分的工序，然后根据人员的配比进行工序组织。一般从工种上分，分为车工、付工和整烫工；从加工部件上分，则分为线外和线内两大部分。本章以单件加工为例，介绍戗驳头公主线结构女西服的整个加工流程。

（一）裁片缝合

在裁片缝合工作开始前，应先将裁片的毛边修剪干净。此处所说的裁片缝合主要分为三步，首先是前中片与前侧片裁片缝合，其次是两后片的缝合，最后是后片与后侧片的缝合，如图4-5所示。

各裁片缝合时，应将裁片的正面相对，边沿摆正、对齐，腰节剪口对准，自裁片底边向上以1cm缝份缉合。缝合时应注意上下两衣片松紧一致、力度均匀、弧线缝合圆顺。针对有条纹或格子等其他图案的面料，在缝合过程中应时刻检查上下两衣片是否对称，外露面料距离是否一致。若两衣片缝合位置存在误差，缝合后左右两衣片的衣纹将无法对称衔接，上下错位，从而影响服装的外观美。

a. 前中片与前侧片缝合

b. 前中片与前侧片缝合后效果

c. 两后片缝合

d. 后片缝合后效果

e. 后片与后侧片缝合

f. 后片与后侧片缝合效果

图4-5 裁片缝合

（二）敷牵条

敷牵条的主要目的是使西服的止口更为平服，防止西服止口等其他部位因多次穿着而引起的松起变形，从而避免影响西服外观造型。

1. 拉前中片牵条

前中片清剪完成后，用净样板勾画前中片及领口净印。在净印线内距净印0.1cm处，粘宽1.5cm有纺加筋牵条，以防止制作过程中拉伸变形。牵条自领口开始经驳头、前中片止口逐一敷牵条并粘牢，如图4-6所示。为获得外形弧度更好的领型及下摆片弯势，在黏烫过程中应使驳头中段外口及下摆处略紧，其余平敷；驳口线里侧1cm处敷牵条，驳口线中段略紧。同时，考虑到驳头翻合需要，牵条在黏至翻驳点时应打一剪口，更利于驳头的定型。

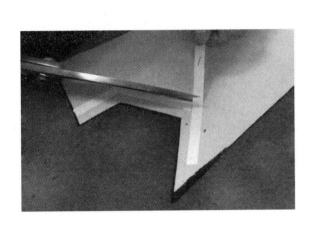
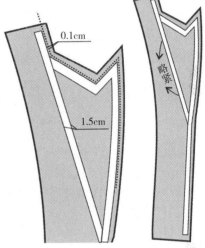

图4-6　拉前中片牵条

2. 袖窿敷牵条

由于衣身的领口、袖窿等处在熨烫和推拔过程中都极易走形，为使前后袖窿更加贴体，所以必须在缝制、整烫工作开始前敷牵条。牵条宽1cm，留缝份粘在作缝内0.1cm处，如图4-7所示。为使牵条在缝合过程中更为圆顺，贴合面料，可在弧线、转弯处打剪口。

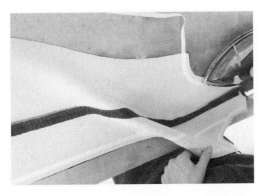
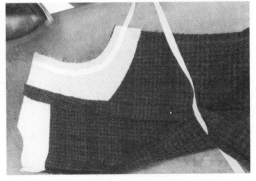

图4-7　袖窿敷牵条

（三）衣片归拔

推、归、拔工艺是西服缝制及造型的关键，尤其是高档西服的成衣效果很大程度上取决于推、归、拔工艺，它可以使服装造型更好地符合人体曲线，塑造出服装的立体形状。推、归、拔工艺原理是建立在充分了解人体形态特征的基础之上，要求制作者对人体形态特征有一定了解，同时，推、归、拔工艺又对熨烫温度有严格要求，温度过高或过低会分别造成起皱或衬布黏合不服贴等现象。

推、归、拔工艺的实现主要是通过改变服装织物的伸缩性能，适当地改变织物的经纬组织，从而完成衣片的拉长、缩短或归拢同一方向的工艺要求，即所谓的"推、归、拔工艺"。经过归拔的部位，服装织物被相对拉长形成了一个凸起的部位，此部位是用来满足体型上隆起部位的需要，如西服的胸部造型；反之，若某个部位隆起的高度造型不够时，就要通过拔开这个部位的织物密度，略微改变其经纬组织的方向，从而获得相应在空度来满足体型的需要，如西服的腰部造型等。在实际操作过程中，推、归、拔工艺多结合运用，以下为本款式女西服上衣的推、归、拔工艺。

1. 归拔前片

（1）分烫缝份：熨烫缝份时考虑到胸部和腰部造型需要的不同，缝份主要通过"由下至上"和"由上至下"两步完成。所谓"由下至上"是指熨烫时熨斗应先从下摆处向上熨至分割片的直纱部位，而"由上至下"则指从肩部向下烫剩余作缝，这两步就将缝份分开熨平，如图4-8所示。在熨烫过程中还需注意，应考虑到衣片归拔的要求，在腰节处应拉伸熨烫，在胸部等圆弧处则要归拢熨烫。

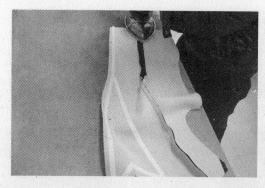

图4-8 分烫前片缝份

（2）归拔熨烫：对于前片的归拔熨烫也称为"推门"，其重点主要集中在前胸、驳头、袖窿、肩缝及腰节这几个部位，一般衣片胸部、驳头外口中段、驳口线中段、袖窿及肩缝要归拢烫，而侧缝腰节处要拔出熨烫。同时，归拔熨烫时对于温度的掌控也是重点，温度过高会对衣片造成损害，过低又达不到归拔效果，温度以熨斗喷在衣片上的分散水花能迅速转为蒸汽为依据，并伴有"哧哧"声为宜。

首先，可先归拔胸、腰部位。归拔前要考虑到前后衣片的衔接问题，若前片归拔量过多或过少都会直接影响与后片的缝合。同时，受人体胸部及腰部造型曲线的影响，归拔后衣片的腰部弧线形应更为明显，胸部的自然余量也更为合体，恰当凸显女性身体的曲线造型为宜。具体操作时，应将前片侧缝靠近身体，底边与臀围处丝缕归拢，腰节处拔出，腰部吸余量延至腋下省与胸省 1/2 窿处的直丝并向胸部推进约 0.3cm，熨烫时沿胸部外形呈圆弧势熨烫。

其次，再对门襟进行整烫。将止口靠近身体一侧，熨斗在驳头处归拢，在前腰节处拔出，门襟止口向底边伸长，前止口线保持顺直，丝缕烫平烫挺。归拔后最后效果如图 4-9 所示。

2. 归拔后片

首先，缝合后片所需的裁片，再分烫缝份后进行归拔。归拔前，调节后领窝弧度，根据款式需要使领窝呈适当弧状。归拔时，可将后领窝中点两衣片连接处适当向后中缝（往下 10cm 左右）归拢，如图 4-10 所示。

图 4-9　前片归拔后效果

其次，将衣片靠近身体内侧放平，熨斗从肩部开始，肩胛处拔开，左手拉腰节丝缕，将腰节向外拉伸，在拔烫腰节的同时，将袖窿处及袖窿下 10cm 处归拔，使后背袖窿产生翘势，后腰节吸余量至腰节 1/2 处，腰节以下熨烫平顺即可，如图 4-11 所示。劈烫过程中要注意裁片纱向的顺直，后背中缝要归成直线。

最后，检查归拔后两衣片肩缝、侧缝的弧度是否一直，格纹图案是否相互对称，若存在误差，应立即修正，以免影响最终成衣的外观效果。

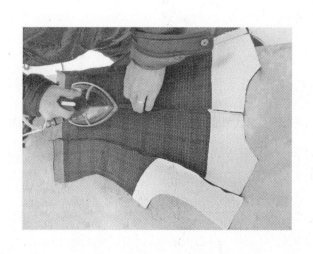

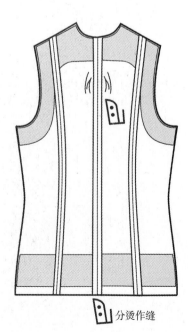

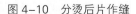分烫作缝

图 4-10　分烫后片作缝

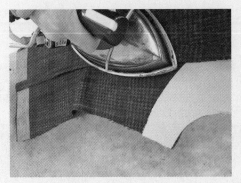 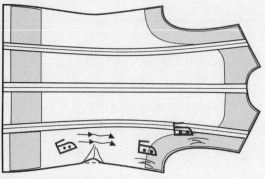

图 4-11　归拔袖窿侧缝

（四）做里怀袋

在西服制作中，里怀袋的形状多为椭圆形，袋口长度则根据服装款式的不同，大小有所差别，但一般控制在 13 ～ 14cm 之间。

倒烫前身贴边与里布，缝头倒向贴边。将其中一片袋布面对里布背面重合放好并沿贴边对齐，注意上下的位置，按0.6cm的缝份缉合；再将另一片袋布与贴边对齐，位置与另一片袋布对齐，仍按0.6cm缝份缉合，如图4-12a所示。将缝合后的两片袋布熨烫平整，缝头倒向贴边，再按1cm缝份勾两片袋布的外围，封合袋布，如图4-12b所示。兜缝过程中需注意勾袋布时需在两端用平缝机找回针 3 ～ 5 次，以保证袋口的牢固性，同时，在勾袋布外围时，应留意贴边与里布的缝头倒向。最后，用熨斗翻整熨烫即可，如图4-12c所示，熨烫完成后，一般在里怀袋外口处留出 1cm "眼皮"（即折边），如图4-12d所示。

0.6cm

正面　正面

a. 固定袋布

1.0cm

1.0cm

b. 缉合袋布

正面

c. 成品里怀袋

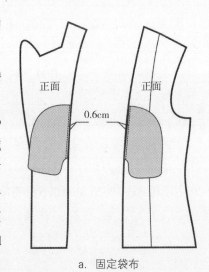

d. 里怀袋外观效果

图 4-12　做里怀袋

（五）做领子

1. 裁片

根据大身后领窝中线的条格情况，应先在领面毛片上找到对应的点，用领净样样板在领里、领面的反面画出净印，然后再画出缝份，如图4-13a所示。此时，需注意除翻领座领结合缝份0.5cm外，其余缝份均为1cm，领里串口线为直丝。待画样完成后，用剪刀将多余部分清除即可，如图4-13b所示。

a. 领片各边缝份

2. 黏衬

将裁剪好的领片黏衬，此过程中需注意：领座黏衬时，其黏合衬与领面缝份量相同；领面黏衬时，其黏合衬除靠近领底弧线一侧与领面相同，其余三侧应均比领面座进0.2cm，这样缝合后的领子外观边缘更加平整美观。

b. 修剪后的领片

图4-13 裁领片

3. 缝合

将翻领里在上，翻领面、里正面相对，各净印线对准后勾缝外领口。再依次缝合领面、领底，如图4-14a所示，缝合过程中应注意领面与领座的格纹是否衔接一致。按领子中线位置将座领面与翻领面结合，座领里与翻领里结合，作缝0.5cm，如图4-14b所示。

待缝合完成劈烫作缝后，为保证领里不反吐，在两结合缝上下各压0.1cm明线，如图4-14c所示。最后，将领子翻好后进行整烫定型，如图4-14d所示。

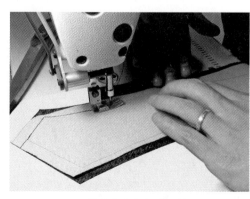

a. 缝合领面与领底一侧

b. 缝合座领面与翻领面

0.1cm 明线

c. 压明线

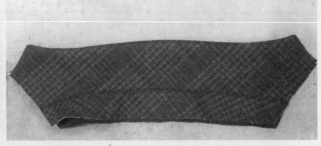

d. 领子外观效果

图 4-14　缝合领片

（六）做袖

做袖开始前应先将其准备工作完善，如黏衬等。在袖口处粘烫衬布，袖山处可根据面料质地粘烫斜丝衬布条（宽度为 5cm 左右）；除此之外，还应将袖山弧长和实际袖窿弧长进行比照，确定袖吃量，通常袖山弧长比袖窿弧长 3～3.5cm 左右。合缝时注意条格图案的对位，如果对位不准，可以适当调整。

1. 归拔袖片

待准备工作完成后，将大、小袖片正面相对，大袖在上，两袖片的内袖缝、袖口对齐，距边 1cm 缉合内袖缝，并劈开缝份，熨烫顺滑，如图 4-15a、b 所示。然后，将大袖片袖线外侧中段拔开，注意不要拔过袖偏线。靠近袖山的上段 10cm 处略归，靠袖口的下段略平，以便将外袖缝线上部略作归拢，如图 4-15c、d 所示。

a. 缉合内袖缝

b. 劈烫缝缝

c. 归拔袖片

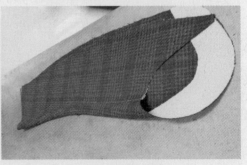

d. 袖片归拔后效果

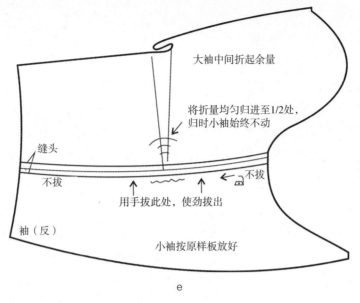

大袖中间折起余量

将折量均匀归进至1/2处，归时小袖始终不动

缝头

不拔　　　　　　　　　　　　不拔

用手拔此处，使劲拔出

袖（反）

小袖按原样板放好

e

图 4-15　归拔袖片

2. 折烫袖口折边

整烫袖口，确定袖口折边为 4cm，按袖口弯势均匀折烫即可，如图 4-16 所示。

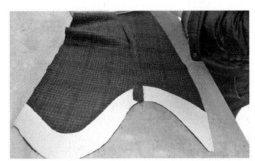

图 4-16　折烫袖口折边

3. 缉合外袖缝

首先，将大、小袖片外袖缝对齐，留 1cm 缝份按剪口缝合袖缝。其次，将缝合后的袖子置于烫台上，劈烫外袖缝。最后，翻到正面将袖缝烫平、烫顺即可，如图 4-17 所示。

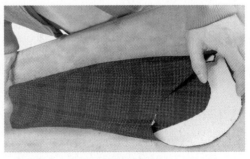

a. 劈烫外袖缝　　　　　　　　　　　　b. 缝合后效果

图 4-17　缉合外袖缝

4. 做袖里

袖里的缝合步骤与袖面大同小异,按1cm缝份合袖里内、外袖缝(图4-18a),倒烫缝份,缝份倒向大袖,如图4-18b所示。其中应考虑到服装完成后的内外翻整需要,在缝合袖里时,应在其中一只袖子的袖中位置需预留10~30cm的翻口。根据面料及服装款式的不同,所留翻口大小有所差别,一般多留于左前袖缝,10~15cm为宜,不要缝合,整烫归整即可。待最后所有缝制工作完成后,再用手针固定即可,如图4-18c所示为最终完成后的翻口外观效果。

a. 缝合袖里内、外袖缝

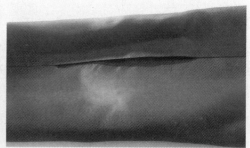

b. 倒烫缝份　　　　　　　　　　　　c. 翻口

图4-18　做袖里

5. 修剪袖山里、合袖口面里

将袖子的里、外袖缝烫平、烫顺,再将袖面翻正,袖里反面翻出,面、里缝份对齐,同时,面、里袖口的缝份对齐,对袖里进行修剪。袖山处袖里比袖面多出1.2~1.5cm,底袖缝处袖里比袖面多出2.5~3.0cm,其他部位修顺即可。最后以1cm的作缝缝合袖口面里。

(七)开袋

西服口袋的装饰作用一般多于其实用价值,尤其是大袋一般不装任何物品,不能让其显得鼓鼓囊囊,使西服外形走样,而应贴合人体腹部的立体形状要求,故在开袋及缝合时应注意到口袋的起翘问题。缝合所用缝纫线、针距大小、明线宽度与领外口、止口一致即可。

1. 做袋盖

首先，确定袋盖所在位置。用刻度尺测量出其中一片衣片的大袋上线位置，考虑到人体腹部弧线特征，前后应起翘 1cm。经整体观察待所标注位置确定后，将两衣片正面整体相对，按压所标注大袋上线的大体位置，另外一片衣片的大袋上线位置也相应得出，如图4-19 所示。

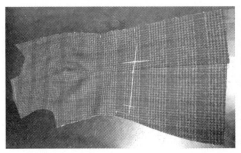

图4-19　标注大袋位置

其次，将袋盖面正面与衣身大袋位对正，调整袋盖面至格纹与其相一致。根据袋盖净样画净印线，底边前后起翘约 1cm，靠近腰节的口袋线起翘 0.7cm，如图4-20a 所示。若在制作中，因起翘等原因不能完全对齐，只需对齐靠近止口一侧的格纹图案即可。面料应按净样三边放缝 0.8cm，上口放缝 1.3cm 裁下；袋盖里与袋盖面比三边均小 0.2cm，这样缝合后的袋盖更为平整、美观，如图4-20b 所示。

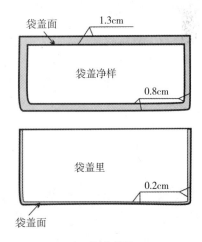

a. 确定袋盖位置　　　　　　　　　b. 制作袋盖

图4-20　做袋盖

最后，将袋盖面、袋盖里的正面相合，确定起缝点，按净缝线兜缝三边。缉缝时袋角两侧适当拉紧里子，兜缉完成后，翻转袋盖，驳挺止口，把袋盖熨烫服帖。整烫后的袋盖三边整齐，袋角平整、圆顺，有自然窝势，袋盖止口处里子应座进 0.1cm，如图4-21所示。

图 4-21　完成后的袋盖

2. 做嵌线袋

（1）制作嵌线条。首先，将面料摆正，选择直丝方向，裁剪长 18cm、宽 5cm 的长方形做嵌线，反面黏长 18cm、宽为 3cm 的无纺衬。其次，按无纺衬边缘进行折烫，熨烫顺直，如图 4-22a 所示。对照已确定的大袋开线位置及大袋宽进行缉缝，线距为 2cm，如图 4-22b 所示。

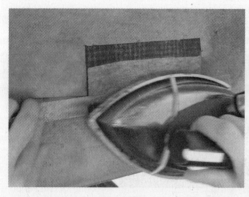

a. 折烫 　　　　　　　　　　　　　　　b. 缉缝

图 4-22　制作嵌线条

（2）在两缉线间将衣片居中剪开，离端点 0.8cm 处剪成 Y 形，并将开线翻到前中片反面，并在三角的根部打回针进行固定，最后拉直嵌线将嵌线烫平、烫顺，如图 4-23 所示。

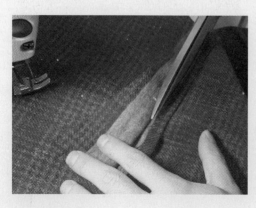
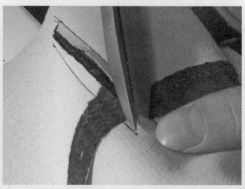

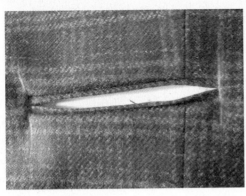

图 4-23　固定嵌线条

（3）袋牙整烫平整后，将勾烫好的袋盖从袋口处放入，摆正袋盖前侧的对条对格并注意袋盖宽度，揭起衣片下摆，沿袋牙缝线再缉线一道，首尾回针，固定大袋盖。

（4）根据大袋的大小制作袋布。并在嵌线条下端拼接上袋布，如图 4-24a 所示，将缉上垫头的下袋置于袋盖下，翻转衣片上部，沿原缉线将下袋布与垫头一起缉合，如图 4-24b 所示。随后，翻起衣片两侧，打回针封住两边三角，如图 4-24c 所示，将两层袋布对齐，沿袋布外围留 1cm 缝边，缉合袋布即可。为便于拿口袋内部物品，袋布不便随翻出，可最后将袋布外沿或四角扦缝于面料之上，如图 4-24d 所示。

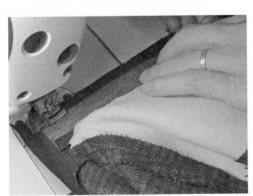

a. 固定袋布

b. 兜缝袋布

c. 打回针封住两边三角

d. 固定袋布

图 4-24　固定袋布

最后，待整个大袋的制作完成后，应检查袋盖是否有倾斜现象，同时要再次核查两衣片袋盖位置是否完全对称，若检查无误，只需稍加熨烫即可。制作完成的大袋袋角平整，口袋弧度贴合腰部的弧线趋势，如图4-25所示。

图4-25 大袋外观

（八）缝合侧缝、肩缝、烫下摆折边

1. 合侧缝、肩缝

首先在缝合工作开始前应参照样板设计修正肩线；其次再将前后两衣片正面相合，前片在上，后片在下，摆缝对齐，腰节剪口对好，留1cm缝份绱合侧缝，如图4-26a所示。最后，肩缝对齐，留1cm缝份绱合如图4-26b所示。在缝合时应注意，为了解决人体肩胛骨隆起的需要，按剪口"吃"后肩缝0.5cm，绱合时要把这一段缝合均匀，不能有褶皱出现，如图4-26c、d所示。两肩吃势均匀，待肩缝缝合后，观察两肩缝前后片的条格子衔接是否一致、对称，若检查无误即可准备熨烫。

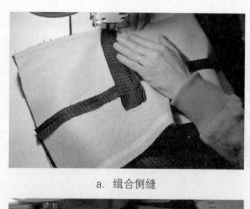

a. 绱合侧缝

b. 绱合肩缝

c. 肩缝对齐

d. 绱合"吃量"

图4-26 合侧缝、肩缝

2. 熨烫侧缝、肩缝

熨烫开始前，应劈烫各缝份。为防止袖窿下部位拉伸变形，熨烫时最好从底边开始熨烫，由下至上沿侧缝向袖窿方向熨烫，如图4-27a所示。然后在烫台上将肩缝分开烫平，熨烫时将层次归拢烫平，不能过于用力，否则会使肩缝拉伸变形，如图4-27b所示为归烫后的肩缝。

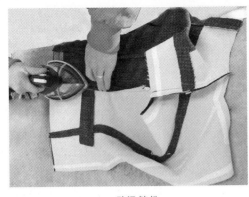

a. 劈烫缝份

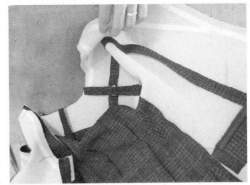

b. 归烫肩缝

图 4-27　熨烫侧缝、肩缝

对于有条纹或格子等图案的服装，应在绱缝完成后，再次检查前后两衣片的图案是否衔接一致，条纹是否在一条直线上，格子是否可以相互吻合，左右衣片图案位置是否相互对称。

3. 烫下摆折边

将前后衣片放平，下摆底边折合进 4cm 折边，扣烫顺直，如图 4-28 所示。熨烫时勿用力拉伸或归拢，否则会造成底边变形，影响服装外形美观。

图 4-28　熨烫下摆折边

（九）修肩

由于在归拔及实际制作过程中服装材料受温度、缩率的影响，部分部位的尺寸会与当初样板设计的尺寸有所差异，例如肩部。所以在肩缝绱合后，绱领、绱袖工作开始之前，可能会存在适量误差，故需将已完成的成衣部分穿在人台上，对肩部尺寸进行调整，以保证成衣尺寸合适，如图 4-29 所示。考虑后期整烫中压肩工艺的影响，修剪后的尺寸可以比成衣小 0.2 ～ 0.4cm。

（十）勾止口

1. 敷贴边

沿驳头与止口外侧用针将贴边与衣身前片固定。为保证翻烫后贴边的吃势，在距驳尖

图 4-29　修肩

10 ～ 15cm 处放入一支笔（如普通 2B 铅笔），给贴边一定的余量，然后在固定过程中均匀吃进去，如图 4-30 所示。同时，在驳头尖处贴边均要给一定的吃量。

图 4-30　固定贴边余量

2. 缉止口

在衣身前片一侧沿净缝线出 0.1cm 缉止口，缉线从缺嘴线钉起（回针打牢）经驳角、驳头止口、下摆至底边贴边为止，如图 4-31 所示。

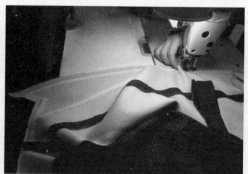

图 4-31　缉止口

3. 翻烫止口

首先清剪前中片止口。整体缝份清剪为 0.5cm，为保证翻烫熨烫效果，再剔缝份，如图 4-32 所示。翻驳点向上剔大身，驳点向下剔贴边缝份。

图 4-32　修剪前中片止口缝份

翻烫驳头部分时要看大身熨烫，大身坐进 0.1cm，为保证驳头尖形状饱满、圆顺，在驳头尖处以缝纫线为拉手进行提拉熨烫。止口及下摆部分在贴边一侧熨烫，贴边也坐进 0.1cm。在熨烫时应注意，左右两衣片驳头及止口部位的条纹、格子等图案应对称、均等。

（十一）绱领子

绱领子，特别是戗驳头西服领的制作一直是重点与难点。常用的方法是把领面与贴边结合，领底与大身结合，这种方法效果虽然很好，但对技术要求很高，特别是初学者掌握起来比较困难。做领的要求是使领面平服，领面与身的结合缝份高低一致，从而达到平服的效果，因此在缝制过程中要注意调节领口与领面的缝份。

其具体制作步骤如下：

（1）按驳角画出串口线，留缝份 0.6cm，修贴边串口和大身串口缝份，对合领子与领圈，在领子上做好后中缝、左右肩缝对位标记，如图 4-33 所示。

（2）将领面与贴边正面相对，将串口线的起针位置与驳嘴这个点对齐后，开始沿着串口线的 1cm 缝份缉合，如图 4-34 所示。领里与前中片串口缉缝方法相同。最后，修剪毛边，劈烫领串口的缝份。

图 4-33　画串口线

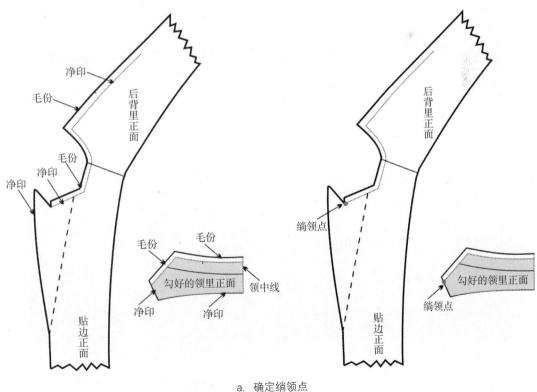

a. 确定绱领点

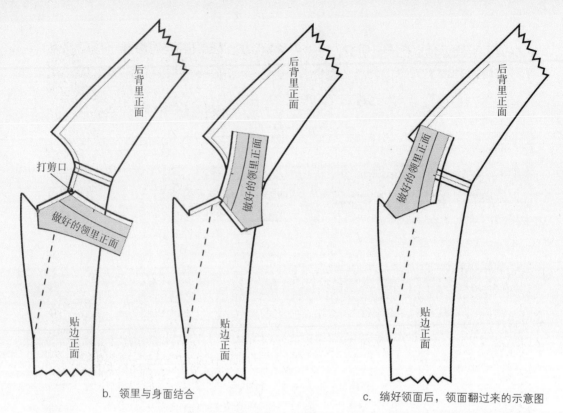

b. 领里与身面结合

c. 绱好领面后，领面翻过来的示意图

图 4-34　绱领面 1

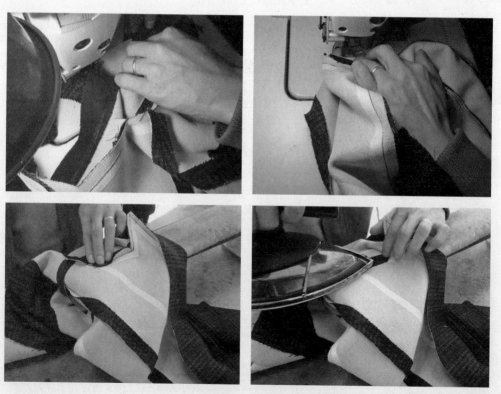

图 4-34　绱领面 2

（3）座领面下口与后托领按对道印缉缝，如图 4-35a 所示，座领里下口与后领窝按对道印缉缝，如图 4-35b 所示，在加工过程中，应剪斜角剪口，修整领角如图 4-35c 所示，注意领角的外观效果，及时修改。最后，修剪缝份毛边，劈烫作份，如图 4-35 所示。

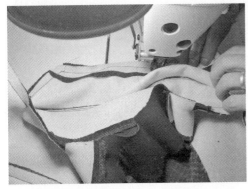

a. 缉合座领面下口与后托领

b. 座领里下口与后领窝

c. 修整领角

d. 劈烫做缝

图 4-35　绱领底

（4）将座领面、座领里下口沿缉线位置进行缉缝固定，以保证穿着后领口处平整，不串位。

（十二）绱袖子

1. 抽袖山

首先，沿袖山边缘 0.5cm 处放大针码缉缝斜纱袖带条一根，袖带条约 1cm，如图 4-36a 所示。缉缝后，适当拉紧缝纫线，自瘪肚缝向上 3cm 开始做袖山吃量，如图 4-36b 所示。根据面料薄厚的不同，吃量略有差异，一般控制在 3 ~ 3.8cm 之间，袖山高点处抽量最多。完成后，袖山应成铜锣状，边沿立起，如图 4-36c、d 所示。

a. 固定袖带条

b. 调整袖山吃量

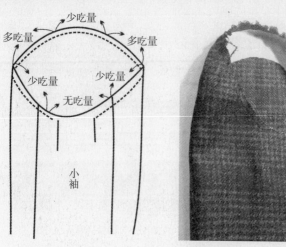

少吃量

多吃量　　　　　多吃量

少吃量　　　少吃量

无吃量

小袖

c. 调整吃量后效果

d. 袖子外观效果

图 4-36　抽袖山

2. 绱袖面

为保证袖子缝合位置精确，绱袖前可以先扎袖定位。对于女装来讲，绱袖通常先扎右袖，将袖中与肩缝先滴缝一针固定，再放人台上观察袖窿前后效果。若袖子太靠前，可将袖中点向肩缝往前移；若靠后，可将袖中点由肩缝往后移，以此来调节袖子的前后。固定完成后，用白棉线手针进行固定一周，约留 0.8cm 缝份即可，如图 4-37a 所示。如果吃势均匀，最后再用专用绱袖机缝合即可，如图 4-37b 所示。绱完右袖后，以同样方法缝左袖，并检查左右两袖是否一致、对称，而有条纹或格子等图案的服装，应检查袖窿部位条纹是否顺直，袖窿与肩部条格衔接是否连贯，如图 4-37c 所示。

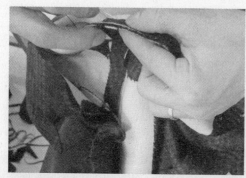

a. 扎袖定位

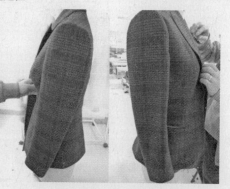

b. 缝合袖子

c. 绱袖后外观效果

图 4-37　绱袖面

3. 烫袖窿

绱缝袖子之后，对袖窿进行整烫。在肩缝前 5cm、后 5cm 处，将大身打剪口，其目的可以使肩部外观平整、美观，并在此处劈烫，其他部位向袖子倒烫，如图 4-38 所示。因袖子的吃量较大，熨烫时注意不能产生死褶。

图 4-38　烫袖窿

4. 装垫肩

将垫肩对折，中点位置对准肩缝，用双股扎线自肩垫一端起针，沿袖窿绱线外侧将肩垫和袖窿缝份绱牢，垫肩外弧线中点定牢，注意固定线应适当松些，从而避免过紧所引起的肩部面料紧皱、不平服等现象，如图 4-39 所示。

图 4-39　装垫肩

（十三）做里子、装里子

1. 做里子

里料裁片正面相对，上口及腰节剪口对准，缝口对齐，留 1cm 缝份绱缝。可以先将前侧片与前片绱合，再绱合背缝，最后将前片与后片绱合，绱合完成后劈烫缝份。整烫后，背缝朝右片倒，其余各缝份均向后身倒，并留有 0.2cm 层势（俗称"眼皮"），如图 4-40 所示。

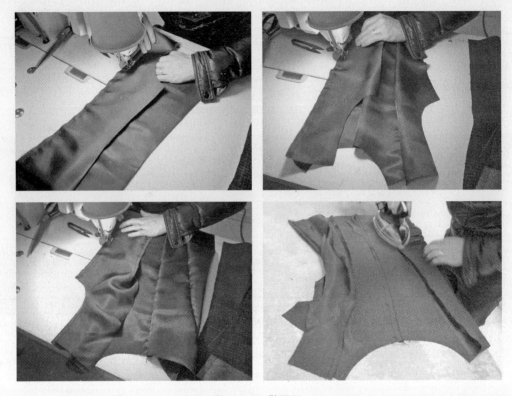

图 4-40　做里子

2. 装里子

（1）装大身里子：将做好的大身里子与面料进行配合比较，后中缝对齐，里子肩缝与贴边上口对齐，底边向上 3cm 处与贴边做好起始标记，如图 4-41a 所示。将前衣片里子与贴边正面相合，从起始标记起，以 1cm 缝份缉合至贴边上口，如图 4-41b 所示。然后将里子前后肩缝缉合，并按贴边缝份倒向里子，肩缝缝份倒向后肩，熨烫平服，如图 4-41c、d 所示。

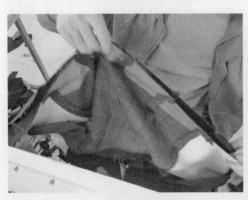

a. 对齐后中缝

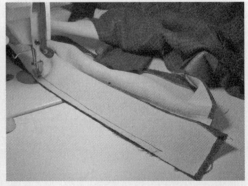

b. 缉合贴边与里子

c. 缉合前后肩缝

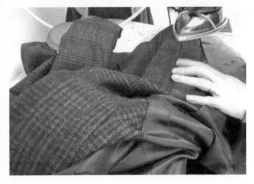
d. 整烫

图4-41　装大身里子

（2）装袖里：参照袖面做好里子袖中、胖
瘪肚缝的装袖对位标记。袖子里和袖窿里正面
相合，袖子里在上，袖窿里在下，袖中对准肩缝，
以1cm缝份缉合，缉缝时应将里子的袖山吃势
放均匀，不能起皱打裥，如图4-42所示。

（3）缉装后托领和里子领圈：将后托领下
口与里子领圈正面相合，后托领在上、里子在
下，后托领下口三剪口与领圈后中缝、肩缝对
准，以1cm缝份缉合，缝份朝后托领坐倒。

图4-42　调整袖窿

（4）缉合面、里下摆：将面料贴边和里
料下摆正面相合，面料在下、里料在上，以1cm缝份缉合并熨烫，如图4-43所示。缉合
时应注意肋省、摆缝、后中缝面、里缝份是否对齐。

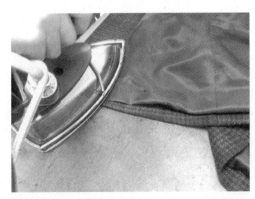

图4-43　熨烫下摆

有时为使面料、里料更加贴合人体，也可用双股线在面、里有缝份处用倒回针固定某
些部位，如：腰身缝中部、袖外缝中部、后托领下口、大袋处等。针距不宜过于紧密，长
度控制在8cm左右即可。最后，待所有缝合工序完成，需将整衣从袖里所预留开口处翻出，

用平缝机以 0.1cm 明线封口，两端回针固定。

（十四）锁眼、钉扣

1. 锁眼

首先，根据款式要求用画粉在右前中片反面标出锁眼位置。第一组扣位自腰节线向上取 5cm，第二纽扣位自腰节线向下取 3cm，扣间距 8cm，锁眼距止口 1.5cm。随后，用专用锁眼机锁眼即可，如图 4-44 所示。

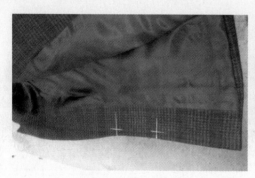

图 4-44　锁眼

2. 钉扣

通常为方便服装的后整熨烫等工序，工业生产在整烫完毕后钉扣。扣子钉在左前中片，扣位与扣眼位吻合，钉扣距边 1.5cm，钉扣时，多选用双股线，为不影响整体美观，缝纫线只过单层面料，在扣子位置面料的背面看不出针迹为宜，如图 4-45 所示。

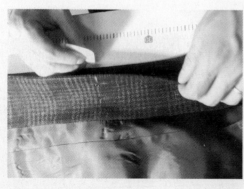

图 4-45　钉扣

（十五）整烫

在最后的整烫定型工作开始前，应先进行清理工作，例如，拆除扎线、拔去线钉、清理线头、去除污渍、去除色粉标记。

在条件允许情况下，在进行局部细节整烫之前，可先用专用烫机将各衣身缝、袖缝进行整烫定型，这样可以保证在穿着中不起皱，保持直顺，如图 4-46 所示。

1. 烫夹里

轻轻地把前胸、后背及袖窿夹里烫平服，烫时应该按照衣、袖的形状分块进行。

2. 烫前片

整烫前，应将前胸、肩部、口袋部位置于热枕上进行整烫，使胸部饱满，肩头平挺，符合人体造型，整烫完一片后，再整烫另一片。贴边上部与衣领一体整烫，下部衣角要烫平顺，止口要烫顺直、压薄、压牢，如图4-47所示。

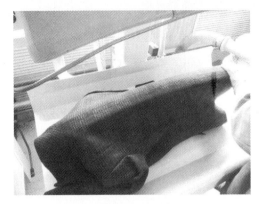

图4-46　后中缝熨烫定型

 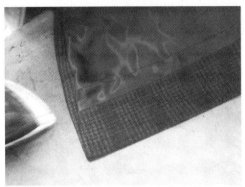

图4-47　熨烫前片

3. 烫大袋和下摆

将袋盖摆平，烫出袋口位的胖势，如图4-48所示。烫摆缝时要将摆缝放平、放直，腰节略拔开一些。

图4-48　熨烫大袋和下摆

4. 烫肩头

肩头下置"布馒头"，喷水、垫布整烫，肩头往上稍拔，使肩头略翘。前肩丝缕归正，后肩略微归烫，使袖山更为饱满、圆顺，如图4-49所示。

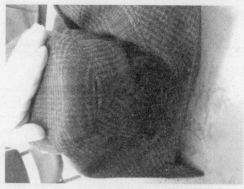

图 4-49　熨烫肩头

5. 烫驳头、烫领子

首先，将驳头放在烫台上，驳口线上 2/3 整烫服帖，留下 1/3 不烫，以此可以增加驳头的自然立体感。其次，将领子置于烫台辅具上，按规格将领子向外翻折，将翻折领线烫顺，并注意驳头翻折线与领子翻折线连顺，如图 4-50 所示。

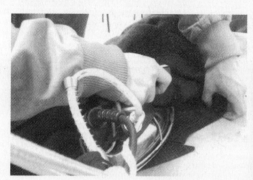
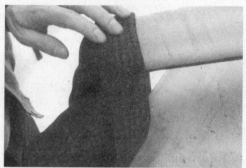

图 4-50　熨烫驳头和后领窝

6. 烫袖子

将袖子放于烫台上，烫顺缝份，再用手提起，让熨斗用汽嘘烫整理，使袖子整体更为顺直，如图 4-51 所示。

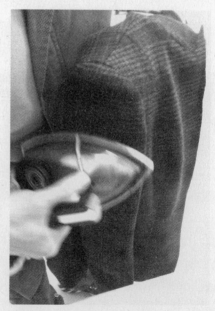

图 4-51　烫袖子

7. 烫前身止口

烫前身止口要用力把它烫薄、烫平服，注意止口不可外露，且止口线需顺直流畅，如图 4-52 所示。

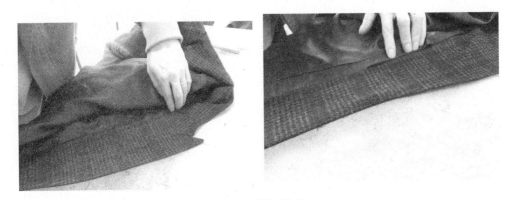

图 4-52　烫前身止口

8. 烫后背

后背中缝放直、放顺，烫平烫顺。若无专门辅助整烫设备，可在肩胛骨隆起处及臀部胖势处垫布馒头，喷水、垫布整烫，以符合人体造型需要。

待全部工序完成后，将西服上衣置于人台之上，再从前至后、从上至下、从左至右整体观察是否有修改之处，以便查漏补缺，如图 4-53 所示。

图 4-53　成品外观效果

本章小结

1. 女西服制作是女装制作中较为典型的合体类服装，为符合女人体曲线变化的需要，缝制工艺中必须考虑裁剪无法解决的问题，因此"推、归、拔"和"整烫"工艺成为重点。除此之外，制作中的"绱领"和"绱袖"部分也是难点。

2. 推、归、拔工艺是西服缝制及造型的关键，尤其是高档西服的成衣效果很大程度上取决于推、归、拔工艺，它可以使服装的造型更好地符合人体曲线，塑造出服装的立体形状。推、归、拔工艺的实现主要是通过改变服装织物的伸缩性能，适当地改变织物的经纬组织，从而完成衣片的拉长、缩短或归拢同一方向的工艺要求，即所谓的"推、归、拔工艺"。

3. 绱领部分是各类西服制作过程中的重点与难点。常用的方法是把领面与贴边结合，领底与大身结合，这种方法效果虽然很好，但对技术要求很高，特别是初学者掌握起来比较困难。做领的要求是使领面平服，领面与身的结合缝份高低一致，从而达到平服的效果，因此在缝制过程中要注意调节领口与领面的缝份。

4. 绱袖前，要调整好袖山吃量，根据面料薄厚的不同，吃量略有差异，一般控制在3.0 ~ 3.8cm之间，袖山高点处抽量最多。最后，袖山应成铜锣状，边沿立起。

绱袖时，为保证袖子缝合位置精确，可以先扎袖定位。缝合过程中要将余量均匀收进去。绱袖完成后，要保证袖山部位不能有折痕，袖山弧线自然流畅，箭头饱满、挺括。

思考题

1. 请自主选择一款西服上衣并合理绘制其工艺流程图？
2. 女西服前衣身哪些部位需要敷牵条？
3. 女西服上衣推、归、拔工艺的要求及方法是什么？
4. 请熟练掌握女西服上衣的缝制工艺。

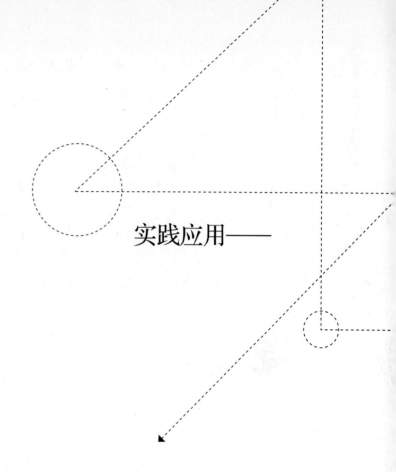

实践应用——

成衣后期整理

课题名称：成衣后期整理

课题内容：女西服的后期整烫、质量检验、清洗与保养。

课题时间：6 课时

教学目的：掌握西服熨烫的流程及西服穿着过程中常见污渍的处理手法。

教学方式：理论讲解与实践制作

教学要求：1. 能独立完成女西服的后期整烫工作。

2. 针对西服上所出现的常见污渍能清理干净。

3. 掌握女西服储存与保养的各种手法。

课前（后）准备：熨斗、白色垫布。

第五章　成衣后期整理

第一节　整烫

一、西服熨烫质量要求

随着人们物质文化水平的提高，人们对于服装审美及着装要求日益增高，不再仅局限于服装的穿着舒适性，而对于服装的外在装饰表现性提出更高要求，因此，对于服装的立体造型越来越重视，尤其是对西服的外观造型。熨烫定型作为西服加工工序中的一个重要环节，直接影响到成品质量的好坏及着装者的着装效果。

整烫后的西服要求整体线条应更为流畅、自然平服、整洁，曲线造型美观，不变形，无皱褶，无烫痕，无焦黄，无水花，无亮光。熨烫后的具体要求如表5-1所示。

表5-1　西服熨烫质量要求

部位	熨烫质量要求
领子	衣领内外平整、挺括、圆活、角正
领口	领口下端应留5～6cm活口
袖子	应平挺、圆活、袖口齐
衣身	应平挺、无抽缩、胸部挺括丰满，左右对称
口袋	应平直、合拢，口袋面不留盖子印
袋盖	应平挺、不翘、不露里（若为圆角，袋盖角应圆顺，弧度自然）
袋布	应平整
里子	应平整、服帖
下摆	应平直并压实
肩	应平挺、圆活、袖拢无抽缩；左右肩部自然定型，垫肩熨平，与袖子的拼缝处没有曲折感
衬	应平挺、无抽缩并归位

二、手工再熨烫

此处手工熨烫是在服装制作的熨烫步骤基础上的再熨烫，在生产制作过程中，服装在最后包装前，可能由于在储存等环节受其他因素影响，例如，悬挂、内部转接、储存环节或天气等各方面影响，服装产生细部褶皱或走型等变化，为取得更好的包装效果，可根据具体情况进行包装前的手工再熨烫。

（一）整烫西服里部

对西服衬里的再熨烫是为了使西服的造型外观更为笔挺、整齐、美观，熨烫时需考虑到所选用衬里材质的限制，应掌握好熨烫温度，以免由于温度过高烫焦里料，或温度过低达不到熨烫效果。

1. 熨烫袖里

首先，翻开西服，衬里朝外，将袖里套在烫台摇臂上，袖里与袖面摆平、拉顺，熨烫内袖缝及袖口折边，熨烫里留 0.2 ~ 0.3cm 眼皮，如图 5-1 所示。

a. 熨烫内袖缝　　　　　　　　　　b. 熨烫袖口折边

图 5-1　烫袖里

2. 熨烫里肩缝

将肩缝位置放在烫台摇臂上，铺平、拉顺，熨烫平整，如图 5-2 所示。

 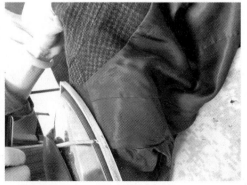

图 5-2　熨烫里肩缝

3. 熨烫里身缝

展开西服，将衣身后背位置平铺于烫台上，侧缝拉直、摆平，熨烫里留 0.2 ～ 0.3cm "眼皮"，如图 5-3 所示。

图 5-3　熨烫里身缝

4. 熨烫贴边

将贴边靠近身体内侧并摆平，由下至上平缓熨烫，保证前中片止口均匀不反吐，如图 5-4 所示。熨烫时为防止操作不慎出现极光或焦黄等现象，也可用白色垫布附上，待熨烫完成后取下即可。

图 5-4　熨烫贴边

5. 熨烫里下摆

将里与面摆顺，下摆靠近身体内侧，各作缝对齐，里折边距下摆均匀一致，如图 5-5 所示。

图 5-5　熨烫里下摆

（二）整烫西服面部

1. 烫内、外面袖缝及袖口折边

用手托起衣袖，保证袖面顺直，首先用蒸汽嘘烫袖面上部，再将袖口处摆平摆顺，置于烫台上熨烫即可，如图 5-6 所示。

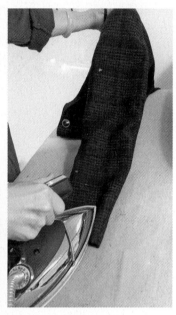

图 5-6　熨烫内、外面袖缝及袖口折边

2. 熨烫领子

展开领子并将领口套在烫台摇臂上进行熨烫，熨烫时需注意领外口不要用力拉抻，稍微归烫即可，从而保证成衣的抱脖效果，如图 5-7 所示。同时，还要注意熨烫力度，用力过大会使领口过于服帖，而力度过小则又达不到整烫目的，所以在熨烫过程中需时刻观察领口的熨烫效果。

熨烫领口

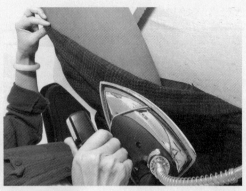

熨烫驳头

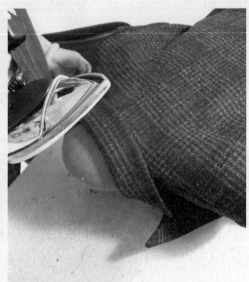

熨烫后领窝

图 5-7　熨烫领子

3. 熨烫前中片

将前中片放置在烫台摇臂上，纱向捋顺、摆正，兜盖摆平，由下至上进行熨烫即可，熨烫过程中需注意西服胸部造型及袋口部位，如图 5-8 所示。

图 5-8　熨烫前门

4. 熨烫面身缝

摆正裁片纱向，踩吸风，将身缝面固定后熨烫，如图 5-9 所示。熨烫时要注意蒸汽要吸干，以免定型不牢。

图 5-9　熨烫面身缝

5. 熨烫面下摆

展开西服下摆部位，摆正裁片纱向，踩吸风，将身缝面固定后熨烫，如图 5-10 所示。熨烫时注意不要拉抻，尽量归烫，蒸汽要吸干，以免定型不牢。

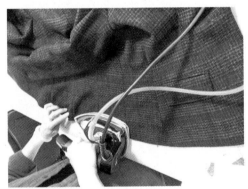

图 5-10　熨烫面下摆

三、西服的清洗与保养

（一）西服的清洗

"好西服，七分工艺，三分保养。"西服的后期整理与保养也尤为重要。通常情况下，高品质西服一定要干洗，切勿水洗，这是和它所采用的精致面料和精湛的制作工艺密不可分。中高档次的西服面料大多采用优质羊毛、羊绒，而板型及细节处理都非常精细，因此水洗不但容易损伤服装面料本身还会对其服装造型造成破坏。

西服即使是干洗也不必经常洗，一般一季送洗 2 ～ 3 次即可，平常应多注意保养。日常整理或干洗时，需着重将有污渍的地方进行清洗，否则污渍不仅会影响西服外观的颜色，也会腐蚀面料，甚至在保存时会引起虫蛀。西服穿着过程中最常遇到的污渍主要包括以下几类：

（1）油污类污渍：包括化妆品油渍、机油、食用油、等油溶性污渍。

（2）水化类污渍：包括汗、茶、糖、果汁、墨、圆珠笔、铁锈、红紫药水、碘酒等。

（3）蛋白质类污渍：包括血液、牛奶、痰涕、蛋液等。

针对以上所述的常见西服污渍，在服装生产及日常生活中总结出以下几种污渍去除方法，如表5-2所示。

表5-2　常见污渍去除方法

污渍类别	污渍名称	去除方法
油污类	食用油黄油	若是深色粗花呢类面料的西服沾染此类污渍，污渍基本不会对服装外观产生影响，但若浅色面料西服受到油污时，则需用去斑剂或者其他的油污清洗剂小心清洗污渍处
	润滑油焦油	可先用小刀或其他锋利器物将干硬的污渍部分轻轻刮除，然后再用清洗汽油从外到里，一圈一圈地进行清洗；也可以用专业擦洗布来擦污点
	香粉口红	若西服衣领部位沾染口红的颜色，或驳领上沾上了化妆用香粉，可以用去斑剂将其清洗掉
水化类	水果汁	沾染污渍后应立刻用凉水擦洗污渍处，若无效，则用去污皂进行清洗（此方法仅限于面积较小的果汁污渍）
	咖啡茶汁	首先用清洁汽油轻轻地进行擦洗，然后再用凉水处理一下（此方法仅限于面积较小的果汁污渍）
	圆珠笔油渍	先把清洁汽油滴到一块布片上，然后再用这块布片擦洗圆珠笔油，直到油污完全消失为止；也可以用专门用来擦洗领带的擦洗布来擦洗
	酒水痕迹	若红酒弄脏西服，可将食盐覆盖于污渍之上；不宜过少，这样食盐的白色结晶体会把红酒的液体从织物里吸收出来。若是白酒或者其他没有颜色的酒弄脏了你的西服，可用一块潮湿的抹布进行擦洗即可
	汗渍	用5%的醋酸溶液和5%的氨水轮流擦拭汗渍处，然后用冷水擦拭污渍处
蛋白质类	血渍	由于血渍中的主要成分为蛋白质，遇热凝固，所以被血迹污染的西服可用凉水清除血渍处（仅限于面料颜色较深的西服）
	蛋黄	若面料较厚的西服沾染蛋黄时，可待蛋黄干后将其刮除，残留的黄色斑痕，可用清洗汽油再稍加处理

去除服装污渍是一项细致而又慎重的工作，不恰当的处理不仅会影响衣物的色泽和外观，严重的还会对服装面料造成损伤，故去除污渍时要注意以下几点：

（1）服装沾上污渍后要马上去除，不要放置时间过长，若时间过长，污渍就会渗透到纤维内部，与纤维紧密结合或与纤维发生化学反应，消除则更为困难。

（2）要正确识别污渍，避免因识别污渍不当而出现的除渍方法失误。

（3）要根据服装面料的种类和污渍的种类选用除渍的药品和除渍的方法，即使同一污渍在不同布料上出现，清除时所用药水和方法也各不相同。甚至同一布料，只因颜色深浅不同，选用的去渍方法和药水也不同，若遇深色面料，应在使用去污药品时以先试样为妥。

（4）擦渍时注意由浅入深，可先从污渍边缘向中间擦，防止污渍向外扩散，同时注意用力力度以免服装起毛。

（5）为防止面料经除渍后遗留黄色污迹，操作中应注意无论用何种去污材料，当织物表面污渍去除后，均应立即用牙刷蘸清水将织物遇水面积刷得大些，然后再在周围喷少量水，使其逐渐淡化，以消除这个明显的边痕。

（二）西服的保养

（1）灰尘可谓西服最大的敌人，不但会对面料造成损失，更会使西服失去清新感，所以西服不穿时，应先用软刷将灰尘刷去，再用适合西服肩阔斜度的衣架吊挂，从而保持西服面料的洁净。

（2）穿着的西服被水淋湿后，要立即用干净的毛巾将水吸干，然后用洁净的白布覆盖，加以熨烫整理。熨烫时要控制温度，不停地移动熨斗，以防止损伤面料和产生极光。

（3）久穿或久放衣橱中的西服，挂在稍有湿度的地方，有利于衣服纤维消除疲劳，但湿度过大会影响西服定型的效果，一般毛料西服在相对湿度为35%～40%环境中放置一晚，可除去西服皱纹。

最后，收藏西服前，先除去污垢送干洗店干洗。干洗后用衣架吊好，口袋内放入萘、樟脑等除虫剂，套上塑胶套，收藏起来。收藏处最好是通风性良好，温度低的地方。

第二节 质量检验

服装质量检验是检验服装制作成功与否的重要衡量标准之一，主要是指借助一定的设备、工具、手段和方法及多年积累的经验，通过对服装各项质量指标进行检验，并将测试结果同规定要求（国家标准、行业标准、企业标准或合同要求）进行比较，由此做出合格与否的判断过程。

一、服装质量检验的原则与项目

进行服装质量检验的原则是：从上到下、从左到右、从前到后、从表到里。从上到下，就是目测视线依次从领部到肩部、胸部、腰部、袋位、底边。从左到右，就是在服装上左右平行的两个部位，应从左边往右边看。从前到后，就是先检验服装的前面部位，然后再检验服装的后面部位。从表到里，就是检验服装外形表面部位，然后翻转过来检验里子部位。以此原则进行西服的检验，其具体检验项目如表5-3所示。

表5-3 西服质量检验项目

检验项目	
主要部位（大、小）	1. 衣长，2. 胸围，3. 袖长，4. 总肩宽，5. 领大
缝制及外观质量	1. 领咀，2. 驳头，3. 门襟，4. 两肩宽窄，5. 两袖长短，6. 门襟，7. 眼位高低
经纬纱向	1. 前身，2. 后身，3. 袖子，4. 领面，5. 袋面，6. 贴边
对条对格	1. 左右前身，2. 袋盖与前身，3. 袖子与前身，4. 左右袖山，5. 背缝，6. 袖缝、摆缝
色差、疵点标志	1. 表面部位，2. 外观疵点

二、西服检验操作程序

在进行西服质量检验时，根据检验的总原则依次进行，做到不漏验，动作不重复，达到既快又好的工作效果，其具体操作程序如表5-4所示。

表5-4　西服检验操作程序

部位	方法	检查内容
前身全体	将服装穿于模型架上，扣上第一粒纽扣	1. 前身的造型 2. 对格对条的部位 3. 有无明显污渍、线头、面疵等
领、驳头	左右两手分别放入领缺嘴下，自上而下移动	1. 衣领的缉缝效果，领面阔度，是否松紧、翘、卷 2. 左右领、驳头面是否左右对称，条格面料应对条对格 3. 驳折线坚挺、平直
门襟	右手于钮孔下，左手表面周围检查	1. 锁眼是否光滑、美观、牢固，纽扣是否美观、牢固 2. 门襟、里襟止口是否平服、顺直，有无止口反吐，门里襟应长短一致 3. 贴边应与前身有适宜的松紧度
左前肩部	左手拿袖与前身的缝合部位，略微向外翻转。	检查领迹线、肩垫、肩缝及袖山，是否缝制美观，吃势适宜、平服
左前身	左手拿前身面料，略微拉动	1. 暗缝线有无过面，是否牢固；暗缝是否跳针，吃势是否均匀 2. 黏合衬是否有起壳现象 3. 面料丝缕是否正直
左腰袋	右手翻起袋盖，左手插入袋内，略微拉动袋里	1. 袋盖的条格要与前身配合，袋盖里面松紧适宜，不得卷翘 2. 套结与嵌线应牢固美观，嵌线不应有裂形，松紧适宜 3. 袋里滴针有否遗漏，并不能滴到袋内
左袖	左手由袖口伸入衣袖，右手卡住袖的外袖缝入内袖缝，略微拉动	1. 内外袖缝是否平服，吃势均匀 2. 内外袖缝是否滴针，面料与夹里是否因滴针引起不平 3. 整袖的缝制，不应过高或过低
右前肩部	同左前肩部	同左前肩部
右前身	1. 同左前身 2. 左手插入手巾袋，略扯动夹里	1. 同左前身 2. 贴袋与前身是否缝制牢固、美观、平服、袋夹里是否与胸衬有滴缝
右袖	同左袖	同左袖，对比双袖应对称一致
右侧缝及腋下	1. 将模型转动90°使服装侧面对检验者 2. 左手翻起右袖	1. 侧缝是否平服 2. 袖窿线腋下省是否平服，吃势应均匀
背面	将模型转动90°，使背面对检验者	1. 后背整体造型及条格与花型是否美观，符合要求 2. 各暗缝是否平服、顺直
左后肩部	左手拿袖与大身缝合处，略向外翻	1. 装袖是否圆顺、饱满，暗缝，吃势均匀 2. 垫肩缝制是否平服，位置是否正确
后领	1. 右手食指伸入后领下，左右转动 2. 翻起后领	1. 检查领的缝制是否平服、牢固，领面是否平服自然 2. 检查后领翻好后，是否松紧适宜

部位	方法	检查内容
右后肩部	同左后肩部	同左后肩部
左袖笼	1. 将上袖夹里线迹分开 2. 左右手分别拉住前身与袖夹里	1. 检查上袖夹里，针迹是否过稀，吃势是否均匀，是否滴针 2. 肩缝、装领线是否松紧适宜，平服美观
左里袋	将左手插入袋内，略拉动袋里	检查领线，套结是否缝制完善，袋里有无滴针
门襟贴边	左手拿住贴边驳折线处，右手拿住前身面料，略拉动	1. 贴边内拱针是否遗漏，拱针不能露出于表面 2. 贴边与夹里缝合是否吃势均匀、适宜
里襟贴边	同门襟贴边	同门襟贴边
后身夹里	将模型转动180°，使背部面向检验者，左手拿背缝处夹里，轻微拉动	1. 检查夹里是否有充足的余量，缝制有无裂形 2. 有无污渍、线头、面疵等 3. 背缝有无滴针
两袖夹里	1. 检查人站在模型背面，双手从袖笼处插入两袖内 2. 顺势取下衣服，将服装翻转	检查袖夹里时有无扭曲

第三节　产品包装

产品包装主要是指生产的服装产品贴标、包裹、装袋、装盒、装箱的过程，它不仅是为在流通过程中，保护产品、方便储运，更是产品个性的主要传递者，企业文化的宣传者，也成为现代商业者的一种营销手段、品牌战略，在营销谋略中更占有不可小觑的重要地位。就服装而言，服装产品包装有衬衫包装、服饰包装、内衣包装、T恤包装等行业类别。

一、包装的功能和分类

（一）包装的功能

包装主要有两个功能，其一为分发功能，即一定程度上能在最低和最短的时间内保证生产者将产品送到买主手中，且不影响产品质量；其二为营销功能，即通过外部造型设计刺激消费者的购买欲，促进销售。

（二）包装的种类

服装产品的包装按用途主要分为销售包装、工业包装和终端包装三类。

1. 销售包装

又称内包装或小包装，是以销售为目的的包装，起着直接保护商品的作用，是服装储存和运输的重要保障。销售包装直接接触商品并随商品进入零售网点和消费者或用户直接见面，适应商品市场竞争和满足多层次消费要求，不断向销售包装发出要求改进与创新的信息。销售包装的包装件较小，数量大，外包装较精致。包装上大多印有商标、生产说明、单位，具有美化产品、宣传产品、指导消费的作用。

服装产品的内层包装多采用 OPP 或 CPP 透明塑料材质，除少数大品牌外一般印刷相对比较简单，甚至有些产品没有任何印刷的透明塑料袋，其具体规定如下：

（1）内包装可采用纸、塑料袋、纸盒、衣架等材料。

（2）纸包包装，纸包需折叠端正，包装牢固。

（3）塑料包装袋。

① 塑料袋材质、规格与产品相适应，封口应牢固。产品装入后，袋面平整、松紧适宜。

② 使用印有文字、图案的塑料袋，文字、图案应印在袋子外侧，印染用料不得对服装造成污染。

③ 附有衣架包装的产品，包装后外观应平整、端正。

（4）纸盒包装。

① 纸盒大小应与产品相适应，产品装入盒内松紧适宜。

② 附有衣架包装的产品，包装后外观应平整、端正。

2. 工业包装

又称为运输包装，是物资运输、保管等物流环节所需要的必要包装。主要是运用木板、纸盒、泡沫塑料等材料将大量包装件进行大体积包装，着重安全性，运输方便，不会过于讲究外部设计，在包装过程中其具体规定如下：

（1）外包装可采用纸箱等材料，包装材料要清洁、干燥、牢固。

（2）纸箱内应衬垫具有保护产品质量作用的防潮材料。

（3）纸箱盖、底封口应严密、牢固，封箱纸贴正、贴平。

（4）内、外包装大小适宜。

3. 终端包装

即服饰用购物袋，主要用于展示和便于客户携带。因此，这层包装印刷相当精美，同时样式设计上也多种多样，服装企业一般将此类包装列为企业的重要组成部分，这部分包装从材料到形式再到印刷都非常的多样化，并与品牌文化息息相关。从材料方面看，终端包装袋纸质的、塑料的和布质的是最常见、常用的三类。从形式看包括吊卡袋、拉链袋（三封边）、手提式等常见形式。

二、包装材料

伴随社会发展，人们对包装的认识逐渐由最基本的包装功能，演化至其装饰、营销功能的体现。对于服装产品而言，包装材料及形式更是变化万千，成为成功获取消费者购买欲望的有利工具。生活中最常见的服装包装材料主要有包装袋、包装盒和包装箱三大类，也包括一些其他配套的物件。

1. 包装袋

对于服装产品而言，塑胶袋、纸质及无纺布包装袋最为常见。内包装袋一般选用无色、透明的塑胶袋材料制成，它是最贴近服装产品的包装材料，内包装袋的规格大小可根据服装产品的外形而定，质地不宜太厚，无异味。外包装主要体现品牌风格，设计各不相同，但一般都装有拎绳或拎攀，质地有一定厚度及坚牢度，方便购物者携带，可体现整个产品的设计风格，使消费者印象深刻。

在现代市场销售环节中，包装袋作为间接品牌形象、理念的宣传要素，越来越受到各方面的关注，其功能也不在仅满足包裹、承装的需要，而对物品进行修饰，获得受众的青睐成为重要目的。

2. 包装盒

主要用于一些立体感较强、怕挤压、折叠后需要保持一定空间的服装产品，多采用有一定张力的纸质材料，如男士衬衫、丝织品、羊毛衫等，大部分包装盒会在表面印有产品介绍和品牌宣传资料。

3. 包装箱

包装箱的质地较为厚实，体积也较大，多采用瓦楞纸板制成，在服装的装卸及运输过程中起到保护服装的作用。在包装箱的表面一般印有生产单位名称、品名、生产批号、货号、等级、规格、数量、出厂日期、发货目的地、收获单位及搬运警示符号等，使经办人员一目了然。包装箱内服装产品通常有独色独码（一种颜色一种规格）、混色独码（多色彩一种规格）、独色混码（一种色彩多种规格）和混色混码（多色彩多种规格）四种搭配装箱方式。

4. 其他配件

为达到更好的包装效果，在包装过程中会用到吊挂衣架、板纸、衬纸、夹件、托件、支撑物、油纸等辅助定型。吊挂衣架是服装产品立体包装中必不可少的物件，多用塑料制成；纸板和夹件多用于衬衫和针织服装，产品折叠后内衬纸板，并用夹件固定，产品外观挺括、平整；衬纸多用于需折叠的丝绸等高档服装产品，可缓解衣料之间的摩擦，保持衣料的光泽度；托件多用于男士衬衫的领子部位，有纸质和塑料薄片材料，可确保折叠和包装后的衬衫领子立体不变形；支撑物和油纸等多用于大型包装箱。

目前，产品包装在满足原有包装需要的基础上已成为强有力的营销手段，设计良好的包装能为消费者创造方便价值，满足视觉需要，更能为生产者创造促销、宣传的价值。对于服装产品，产品的包装不仅是服装产品的"外衣"，也是品牌文化的彰显和品牌魅力的直接体现，在很大程度上对提高服装品牌的附加值有重要作用。

本章小结

1. 整烫后的西服质量要求为：整体线条应更为流畅、自然平服、整洁，曲线造型美观，不变形，无皱褶，无烫痕，无焦黄，无水花，无亮光。

2. 西服穿着过程中最常遇到的污渍主要包括油污类污渍、水化类污渍、蛋白质类污渍三大类。

3. 进行服装质量检验的原则是：从上到下、从左到右、从前到后、从表到里。

思考题

1. 叙述西服手工熨烫的步骤？

2. 简述污渍主要包括哪几类，并叙述 3 种常见污渍的处理手法。

参考文献

［1］陈继红，肖军.服装面辅料及服饰［M］.上海：东华大学出版社，2003年.

［2］陈东生，甘应进.新编服装生产工艺学［M］.北京：中国轻工业出版社，2005年.

［3］侯东昱，仇满亮，任红霞.女装成衣工艺［M］.上海：东华大学出版社，2012年.

［4］上海市职业能力考试院，上海市服装行业协会.服装工艺［M］.上海：东华大学出版社，2005年.

［5］雷中民.服装推归拔造型技术的探讨［J］.西安：西北纺织工学院学报，第14卷第1期（总53期），2000年.